小水电培训教材

小型水电站
运行与管理

主　编　陈　芳
主　审　李付亮
副主编　杨　明
参　编　仇新艳　岳晓娜　陈　璇

中国电力出版社
CHINA ELECTRIC POWER PRESS

内 容 提 要

本书主要介绍小型水电站主要机电设备的运行维护及管理。全书共分为八章，包括小型水电站生产管理，水轮发电机组运行，变压器运行，配电装置运行，调速系统及励磁系统运行，油、气、水系统运行，电动机运行，二次系统与直流系统运行。附录为"水电站中违章和不规范行为 100例"，供读者警诫。

本书可供全国从事小型水电站运行与管理的生产技术人员参考，可作为相关人员的培训教材，也可供高等职业院校的水利和电力相关专业师生学习、参考。

图书在版编目（CIP）数据

小型水电站运行与管理 / 陈芳主编. —北京：中国电力出版社，2016.5（2020.8 重印）

小水电培训教材

ISBN 978-7-5123-5750-1

Ⅰ. ①小… Ⅱ. ①陈… Ⅲ. ①水力发电站－电力系统运行－技术培训－教材②水力发电站－管理－技术培训－教材 Ⅳ. ①TV737

中国版本图书馆 CIP 数据核字（2014）第 066849 号

中国电力出版社出版、发行

（北京市东城区北京站西街 19 号　100005　http://www.cepp.sgcc.com.cn）

北京雁林吉兆印刷有限公司印刷

各地新华书店经售

*

2016 年 5 月第一版　　2020 年 8 月北京第二次印刷

850 毫米×1168 毫米　32 开本　6.625 印张　175 千字

印数 2001—3000 册　　定价 25.00 元

前　言

　　我国幅员辽阔，河流纵横，小水电资源十分丰富，居世界第一位，技术可开发量 1.28 亿 kW，年发电量 5350 亿 kW·h，但目前的开发率仅为 41%。新中国成立以来，特别是改革开放以来，我国的水电建设得到了迅猛发展。随着农村电气化县的建设，小型水电站的建设更是步入了快车道。截至 2014 年底，已建成小型水电站 47000 多座，总装机容量达 7322 万 kW，年发电量 2200 亿 kW·h，约占全国水电装机容量和发电量的 22%。

　　目前，小水电遍布全国 1/2 的地域、1/3 的县市，累计解决了 3 亿多无电人口的用电问题，小水电地区的户通电率从 1980 年的不足 40% 提高到 2010 年的 99.8%，供电质量和可靠性大大提高。小水电不仅在增加能源供应、改善能源结构、保护生态环境、减少温室气体排放方面作出了重要贡献，还在电力应急保障中发挥了独特作用。

　　近年来，随着国家能源政策的调整、电力体制的改革和电力投资的多元化，中小型水电站的建设已经在全国掀起一股高潮。根据我国《可再生能源中长期发展规划》，国家将在水能资源丰富地区，结合水电农村电气化县建设和实施小水电代燃料工程，加快开发小水电资源，到 2020 年全国小水电装机容量达到 7500 万 kW。

　　随着新技术、新设备在小型水电站的广泛应用，对小型水电站的运行管理也提出了更高的要求。如何使水电站安全生产、稳定运行，除了必须具备良好的设备、健全的制度外，还需要一批技术过硬、组织决策能力强的运行管理人员。要做到这一点，运行管理人员除需要实际工作的锤炼外，也需要系统掌握电力生产管理知识、专业基本理论和技术要点。

本书主要介绍了小型水电站机电设备的运行维护及管理，为适用于电站工作人员阅读，本书编写尽量减少了理论知识的介绍和推导，更注重实际应用和操作。

本书共八章，第一章至第三章及第八章由陈芳编写，第四章和附录由杨明编写，第五章由仇新艳编写，第六章由岳晓娜编写，第七章由陈璇编写。全书由湖南水利水电职业技术学院副教授陈芳担任主编，李付亮教授担任主审。湖南水利水电职业技术学院高级工程师周统中、国电湖南巫水水电开发有限公司白云水电站工程师李冠军对本书稿提出了许多宝贵意见，在此表示衷心感谢。

由于本书涉及知识面广，且需要较强的实际工作经验，加之编者水平有限，书中疏漏和不足在所难免，敬请读者批评指正。

编　者

2015 年 10 月

目 录

绪　　论

　　电力系统是一个有机的整体，发、供、用电是同时完成的，系统中任何一个主要设备运行状态的改变，都会对电力系统产生影响。小型水电站或并入电网，或担当农村地区的主要能源，因此，做好小型水电站的生产管理，提高小型水电站的安全生产的水平，对提高水电站自身经济效益和地方社会的经济效益有着重要的意义：

　　（1）提高农村供电可靠性，促进地方经济发展；

　　（2）提高小型水电站的运行效率，改善小型水电站的经济运行水平；

　　（3）提高设备完好率和自动化水平，减轻运行人员劳动强度；

　　（4）提高生产人员技术水平，降低事故率。

　　小型水电站运行与管理必须制定严格的规章制度和管理条例，做好设备的技术管理、检修管理和运行管理。本书主要讨论与小型水电站发电生产管理有关的内容，以满足小型水电站有一定文化素质和专业知识的技术人员的需要。

　　本书首先介绍小型水电站的生产组织和运行管理，然后依次介绍水轮发电机组的运行，变压器的运行，配电装置的运行，调速系统及励磁系统的运行，油、气、水系统的运行，电动机的运行，二次系统及直流系统的运行。

第一章

小型水电站生产管理

🪔 第一节　运行管理组织机构

一、组织机构

为了管理好小型水电站，必须建立精干和健全的生产管理机构，机构的设置应本着"实用精简"的原则，根据水电站规模的大小确定。

对于较大的水电站，应设厂（站）、车间、班组三级管理体系。对于较小的水电站，可只设厂（站）、班组二级管理体系。班组的设置根据水电站规模大小和自动化水平的高低具体确定。

运行班组是水电站的最基层组织，直接在生产岗位上，班组人员的配备将直接影响水电站的安全、经济运行。班组人员的规定配备和工作班次的确定，也根据水电站的规模、机组台数、容量大小、电压高低、自动化程度和技术力量而定。一般情况下，单机在 500kW 以下的低压机组（发电机出口电压 400V），每台机组可配备 1～2 人（只有一台机组的水电站应配 2 人），电气值班员和水机值班员相互配合，明确分工，以便事故时坚守岗位，迅速处理。对于 500kW 以上的高压机组，班组人员应适当增加。三台以上机组的水电站，每台机配 1～1.5 人即可，每值应配值长 1 名，以负责全面工作，在行政上接受厂（站）长领导，在运行等技术关系上执行电力系统值班调度员的调度命令。

对于单独运行供电的小型水电站，应配备一个外线班，至少由 4～5 人组成，担任输电线路的检查和维修。供电范围较广的山区、农村应与当地的农电工相结合，以农电工作为线路检查、维护的后备力量。

有水库的水电站应成立一个提供水情、观察气象的水文班，及时给水电站管理人员提供近期的降雨情况及天气预报，以帮助水电站确定近期的开机台数和开机时间，做到有计划用水和合理用水，以提高水电站自身的经济效益。

二、值班人员任务

值班人员在值班时间内对分管的设备和运行事务负责，并应严格按照规程、制度以及上级值班员的要求进行生产活动和运行工作，其具体任务是：

（1）按照交接班制度的有关规定，接班人员必须提前 15min 进入厂房，由交班人员介绍运行情况，并由接班人员对运行设备按规定检查项目逐项检查，若设备运行正常，在交接班记录簿上签字，到时间进行交接班。

（2）在值班期间按规定时间间隔，抄录发电机、主变压器、线路等全部表计的指示值及厂用电盘上的指示值。

（3）监视运行设备，并及时调整设备的各项运行参数，使之满足系统的需要和在规定的范围内。

（4）负责填写操作票，在值（班）长的监护下进行倒闸操作。

（5）事故或异常情况时，应在值（班）长领导下尽快正确地处理事故与异常情况，并做好详细真实的运行及事故记录。

（6）为检修人员办理工作票的开工和结束手续，并做好相应的安全措施。

（7）每班应按规程规定对设备定期进行巡视检查。

（8）发现设备缺陷应及时设法消除，或向值（班）长汇报，并做好记录。

（9）做好备品、工具、安全用具、图纸、资料和测量仪表等的保管工作。

（10）在交接班前做好运行日志、记录簿等的填写，并做好卫生工作。

（11）交班时，应向接班人员介绍本班运行情况及应注意的事项。如本班在当班运行时发生了事故，一般应待事故处理完毕后才能下班，下班后应立即召开事故分析会。

🌢 第二节　运行管理的各种制度

为保证水电站的生产有条不紊地进行，行业和国家相关管理部门统一颁发了规程制度，如《电力工业技术管理法规》，GB 26860—2011《电力安全工作规程　发电厂和变电站电气部分》，DL/T 838—2003《发电企业设备检修导则》，《电力生产事故调查暂行规定》（电监会 4 号令，2004 年颁布）等。为给水电站修编现场规程提供依据或参照，行业主管部门还颁发了一些典型规程，如发电机、变压器、电动机、线路等的运行、试验和检修规程。水电站根据自己的实际情况编写现场规程，现场规程不得与统一颁发的规程相抵触或相矛盾。

水电站生产管理制度一般包括以下几方面。

一、值班岗位责任制度

值班岗位设有值长，班长，正、副值班员等岗位，各岗位的职责分述如下：

1. 值长

值长全权负责电站设备的正常连续安全运转，是现场运行当班的最高责任人，一般不离开中央控制室。值长是事故时事故处理的指挥者、操作票审定签发者、检修工作票许可手续的管理者；领导全值人员遵守劳动纪律，严格执行规章制度等，加强对现场运行设备的巡视维护检查和管理；选择时间组织反事故演习，组织事故预想测验；对已出现的事故，按"四不放过"的原则，查清原因，分清责任，落实防范措施；对本值人员进行技术培训，以提高运行水平；对值班记录负责；对班长发出指令。

2. 班长

班长是当班所辖运行设备的负责人，直接接受值长指令，维持所辖运行设备正常运转，并对正、副值班员发出指令，负责操作票的审查和重要操作票的填写，并负责对值班员的操作进行监护。采用计算机监控系统的电站，则负责上位机的管理。

此外，班长还担任检修工作票的许可人。

3．正、副值班员

正值班员负责监盘、抄表、记录、巡视和班长安排的操作票填写以及进行直接操作，并对副值班员操作工作进行监护等。

副值班员协助正值班员工作，并接受班长安排的其他工作，负责场地清洁卫生、工具资料管理等。

正、副值班员事故时直接接受班长指令。

值班岗位责任制度还规定了运行人员的职业道德行为规范，如不酗酒上班、不打瞌睡、不弄虚作假等。

二、交接班制度

交接班制度主要规定运行值班人员在交接班时的职责和职权、交接班的内容、交接班的方式和程序。

各个运行岗位应进行对口交接。为了明确交班和接班双方在运行上的职责，双方应履行交接班手续，按规定内容交接清楚后，双方签字。自接班人员在交接班记录簿上签字完起，运行工作的全部责任由接班人员负责。在未办完交接班手续前，交班人员不得离开值班岗位。

交接班的内容应包括现场设备检查、值班记录和运行日志查阅，把现场正在运行的设备、备用设备、检修设备、故障设备、运行方式变动情况、工器具、资料等和上一个班的其他情况交接清楚。

交班人员在交班前应做好准备工作，检查本班各项记录等是否齐备。接班人员提前到班做好接班前的检查准备工作，共同做好各项交接班检查。在专用值班记录簿上，双方值长签字后，各岗位同时统一完成交接班的工作，下班的人员方可统一离开现场岗位。如果在交接班时发生事故或正在进行操作，应由当值班组完成事故处理和操作后，再进行交接班工作。

三、巡视检查制度

根据电气主接线图和水力机械系统图，按图上设备在厂房内外的布置位置，编制固定的巡视检查路线图，例如：主机部分→发电机母线开关室→主变压器→升压变电站→厂用变压器→厂用配电室等。每个班一般每隔 2h 巡视检查一次。巡视中必须两人进行，并严格遵守不准手动现场任何设备的原则。巡视的方法是眼睛看、耳朵听、鼻子闻，及时发现设备缺陷和隐患，并及时上报值长做好记录，及时处理。

巡视检查还能及时发现保护装置不能及时反映的或不便于装设保护的故障，如电气触头过热、机械设备内部不正常撞击、瞬间放电等。

巡视检查制度是值班运行的一项重要工作内容，是减少事故和实现安全连续运转的重要措施，必须认真履行这项制度。

四、操作票制度

电站的运行值班人员在进行操作时必须严格遵守规定的程序步骤，不能任意操作，以确保操作的安全，这就是"操作票制度"。

操作票是值班人员进行操作的书面命令，是防止误操作的安全组织措施。1000V 以上的电气设备在正常运行情况下进行任何操作时，均应填写操作票。每张操作票只能填写一个任务。操作票应根据上级值班调度员或值班长的命令，由操作人填写，监护人检查无误，值班长签字后方能执行。填写操作票时应核对命令，核对模拟图，核对设备名称，核对设备编号。

停电拉闸操作，必须按照先拉开断路器、负荷侧隔离开关、母线（电源）侧隔离开关顺序依次操作。送电合闸操作顺序则与停电操作顺序相反，即先合母线（电源）侧隔离开关、负荷侧隔离开关，最后合上断路器。严禁带负荷拉开或合上隔离开关。

操作必须有两人进行（单人值班的变电所可由一人执行，但不能登杆操作及进行重要和特别复杂的操作）。其中一人唱票、监护，另一人复诵命令、操作。监护人的安全等级（或对设备的熟悉程度）要高于操作者。特别重要和复杂的操作，由熟练的值班员操作，值班负责人或值班长监护。

操作前应核对设备名称、编号和位置，操作中应认真执行监护复诵制，必须按操作顺序操作，每操作完一项，做一个"√"的记号，全部操作完毕后进行复查。每一步操作均应按下列步骤进行：

（1）监护人、操作人都了解本步骤操作的目的。

（2）共同检查间隔名称、设备编号。

（3）检查操作前设备的实际分合位置。

（4）监护人高声唱票、字字清晰。

（5）操作人高声复诵，做到正确无误。

（6）操作人按操作票假操作一次，监护人认真监护。

（7）如假操作无误，监护人发出"执行"操作的命令。

（8）操作人实际操作。

（9）监护人在操作票的该项目前打钩记号，必要时记录时间。

（10）检查设备的实际位置，断路器和隔离开关把手上挂警示牌。

操作中发生疑问时，不准擅自更改操作票，必须向上级值班调度员或值班长报告，弄清楚后再进行操作。

操作者必须使用必要的、合格的绝缘安全用具和防护安全用具。用绝缘棒拉合隔离开关或经操动机构拉合隔离开关或断路器时，应戴绝缘手套。雷电时，禁止进行电气倒闸操作。

下列各项工作可以不用操作票：①事故处理；②拉合断路器的单一操作（指仅拉合一台断路器、隔离开关等操作）；③拉合接地开关或拆除全厂仅有的一组接地线。

上述操作应记入记录簿内。在发生人身触电事故时，为了解救触电的人，应立即断开有关设备的电源，事后再上报。在值班人员按操作的内容断开设备的电源后，在未拉开隔离开关和做好安全措施前，任何人不得触及该设备或进入及隔离范围。即使是事故停电也一样，以防止突然来电，造成人身事故。

五、工作票制度

在电气设备上进行检修工作，应填用工作票或按命令执行，此即工作票制度。工作票形式有以下三种：

1. 第一种工作票

填用第一种工作票的工作是指在高压设备上工作需要全部停电或部分停电，或在高压室内的二次接线和照明等回路上工作，需将高压设备停电或做安全措施。

2. 第二种工作票

填用第二种工作票的工作是指工作人员远离带电部分或在人体与带电部分间有合格的、可靠的遮拦距离时，保证人身确无触及带电部分的危险或带电作业或在带电设备外壳上工作，或在二次回路上工作不需要将高压设备停电的工作。

3. 口头或电话命令

其他工作可用口头或电话命令，但是应做记录。

工作票应一式两份，两份工作票中的一份必须经常保存在工作地点，由检修工作负责人收执，另一份由运行值班员收执，按值移交。值班员应将工作票号码、工作任务、许可工作时间及完工时间记入操作记录簿中。

一个工作负责人只能发给一张工作票，工作票上所列写的工作地点，以一个电气连接部分（即指一个电气单元或电气间隔）为限。若连接部分全部停电，则所有不同地点的工作可发给一张工作票，但要详细写明主要工作内容，几个工作班同时进行工作，工作票可发给一个总的负责人。

若设备在运行中突然发生损坏、异常，被迫紧急停运，为了及时恢复送电，必须立即组织力量，迅速抢修。在这种情况下，往往没有足够的时间事先填写工作票，为了不影响事故抢修进度，可以不开工作票，但一切安全技术措施和许可、监护、间断、转移、终结等制度仍应坚持执行。待抢修工作进入正常秩序后，应立即补填工作票，并把抢修情况记入记录簿内。绝不允许将经调度同意的临时检修也说成事故抢修而不开工作票。

第一种工作票应在工作前一天交给当班值长。

第二种工作票应在进行工作的当天预先交给当班值长。

工作票应由检修工作负责人填写，由电站内熟悉本站人员技术水平、熟悉设备情况和熟悉《电力安全工作规程》的生产领导人、专责技术人员签发。工作票签发人名单由站部每年公示。但工作票签发人不能兼任工作负责人，工作负责人和工作许可人不能签发工作票。

六、设备定期切换和定期试验制度

水电站内有不少设备是要定期切换的，如空压机、油泵、水泵的主用和备用轮流切换运行，储气罐的定期排污，水过滤器的定期切换冲洗等；发电机电动机要定期摇测其绝缘电阻值，特别是冷备用的设备更是如此；蓄电池的定期充放电工作也要在相关人员的主持下配合进行；主用和备用厂用变压器的定期切换；避雷器等电气设备在专责电气人员的主持下定期做有关试验；透平油、绝缘油的定期取油样化验，运行人员应配合专责试验人员进行。凡此种种，都应按有关制度规定认真执行。

七、设备缺陷管理制度

为了安全发供电，运行中发现设备缺陷，由当班的专责值班员进行登记，并将处理结果记录在案，对重大缺陷，值长认为必须立即处理的，值长应立即通知有关检修人员来现场处理，再上报车间及站部。

设备缺陷管理是运行值班的一项重要内容，是每一个设备的重要技术档案，相当于人的病历档案一样，对及时处理消除缺陷、提高设备完好率和设备健康水平有重大意义。

八、现场规程

1. 设备运行规程

设备运行规程主要内容包括该设备的技术规范，它的正常和极限运行参数、操作程序、操作方法（如设备启动前的准备，启动、并列、解列、停机等操作程序和操作方法）、设备事故原因的判别、事故处理的操作程序和方法等。它是运行操作、监视和定期检查维护的依据。

2. 设备检修规程

设备检修规程规范设备的检修工艺、技术要求、验收标准，以确保设备的检修质量。

3. 安全管理规程

为了确保运行值班人员的人身安全和设备安全，水电站必须遵照 GB 26860—2011《电力安全工作规程　发电厂和变电站电气部分》的规定，结合本站的实际，制定本站的安全工作规程。

🪔 第三节　小型水电站安全管理

由于电力工业的生产特点，决定了安全生产在电力生产中的重要地位和作用，没有安全生产就没有经济效益，所以必须坚持"安全第一"的方针，建立健全安全组织管理机构，落实安全生产责任制，严格执行安全工作规程，定期开展安全检查活动，做好事故的调查分析与统计，制订反事故措施，以提高安全生产水平。

一、建立安全组织机构

为了加强安全管理工作，确保安全工作的正常开展，水电站必须形成自上而下的安全监督网，即各级应配备专职或兼职安全员，具体负责安全管理工作，必要时可在企业内部专门设置安全生产管理机构，企业本部、车间、班组设立安全员，组成本企业的三级安全管理网络，在安全机构的组织下，开展安全检查和安全管理工作。

中小水电企业的主管部门，也应配备专职或兼职安全员，重视安全工作，以提高中小水电行业安全生产管理水平。各级安全员，应由有中小水电管理工作的实际经验、责任心强、敢于坚持原则的技术人员或技术工人担任。

二、建立健全安全生产规章制度

实践证明，很多事故的发生、扩大往往是因为无章可循、有章不循、违章作业或盲目指挥所造成。为确保安全生产，杜绝人身伤亡事故、全厂停电事故、主要机电设备损坏事故、严重误操作事故、火灾及水淹厂房事故等恶性事故的发生，必须建立健全安全生产的规章制度并严格执行，包括生产安全责任制，安全教育制，安全生产监督制，工伤事故调查分析处理制度，设备操作、维护、检修制度，安全操作规范等，以及前述的生产运行管理制度。尤其是落实"两票"（操作票和工作票）"三制"（交接班制度、巡视检查制度和设备缺陷管理制度）。"两票""三制"的执行是进一步落实有关人员的岗位责任制，进一步加强安全生产的重要措施，是确保设备正常运行、稳定生产秩序行之有效的办法。操作票制度涉及需要操作的设备与操作人、监护人、操作票签发人之间的关系。工作票制度涉及检修、运行人员与检修设备之间的关系。交接班制度涉及交、接班运行人员与运行设备之间的关系，巡视检查制度涉及当班运行人员和检修人员与运行设备之间的关系。

实践证明，由于"两票""三制"不落实，造成设备故障、人身伤亡事故时有发生。如在检修、试验时没有执行工作票制度，致使工作人员在工作中触电；在操作时由于没有执行操作票制度，造成误操作，将运行设备烧坏或人身烧伤。因此，在小型水电站中，为确保设备和人身安全，必须严格执行"两票""三制"。

三、推行安全责任制

建立并落实安全责任制是安全管理工作的重要环节，各级安全员都应明确自己的责任范围。安全员的主要职责是：

（1）水电站安全员是生产技术领导开展安全工作的助手，应落实各级安全工作，并沟通上下级安全工作方面的关系。

（2）督促并协助所属部门健全安全管理机构，参与审定有关规章制度，并督促执行。

（3）协助领导编制安全生产计划和反事故措施计划，并督促本单位执行。

（4）协助领导开展安全大检查，召集事故分析会，参与下级的重要事故分析，编制事故报表及有关安全资料。

（5）组织安全培训、安规考试，拟定有关安全奖惩条例，监督有关安全防护设施和安全用品的管理工作。

（6）对本站的大、小修工作，设备的运行状况应有所了解，并定时对设备的现状向负责生产的领导汇报。

四、开展安全活动

组织开展安全活动，能促进安全生产，提高经济效益。具体活动内容有：

（1）每月召开一次安全例会，传达上级有关安全文件，通报有关事故，介绍兄弟单位有关安全生产的经验，检查本站安全工作中存在的安全隐患、事故苗头，提出改进措施；落实相应的工作计划，对安全生产工作进行总结评比等。

（2）定期开展群众性的安全大检查活动，不断巩固职工的安全思想，摸清设备的运行状况，采取措施消除设备存在的缺陷，保证安全生产顺利组织进行。安全大检查应有组织、有重点地进行，如应在每年雷雨季节前进行全面、详细的检查，在冬修前也应全面进行检察，以便给编制冬季检修计划提供依据。

（3）开展安全培训活动及定期考试工作。企业的安全状况与有关人员的知识和技术水平紧密相关，可以通过开展事故预想、事故演习，讲授安全工具的使用，进行安全规程的考试等活动，来加强安全意识及提高安全知识和技能。

（4）建立安全累计记录，作为企业、车间、班组、个人工作成绩的一项重要指标，结合奖惩，开展评比竞赛，有效地促使广大职工共同做好安全生产工作。

五、做好事故调查分析与统计

水电站的事故可分两大类进行统计和调查：一类指人身方面，包括人身死亡事故、重伤事故、恶性未遂事故、轻伤事故；另一类指设备方面，包括设备事故和故障（异常）。所谓事故是指水电站中机电元件全部或部分正常工作状态遭到破坏，造成中断或减少送电的情况。所谓故障，是指水电站中机电元件出现异常，使其正常工作状态受到一定影响但不需立即退出运行的情况。

各级领导应十分重视安全生产工作，对事故应及时组织有关人员进行调查分析，从事故中总结经验，吸取教训，根据生产规律研究制订防止事故的有效对策；分析事故应做到"四不放过"的原则，即：事故原因未查清不放过；责任人员未受到处理不放过；事故责任人和周围群众没有受到教育不放过；事故制定的切实可行的整改措施未落实不放过。分析事故既要实事求是，又要严肃认真，反对草率从事、大事化小、小事化了，隐瞒包庇等错误做法。

对重大事故，厂（站）负责人应亲自参与调查、讨论，作出正确的结论：对事故的责任者，要以教育为主，在弄清事实的基础上，通过认真总结经验教训，同时通过适当的经济手段，教育事故责任人，提醒大家。从大量的事故统计分析看，许多事故并非设备缺陷所致，而是由于运行操作人员不严格遵守规章制度，工作不负责任所致。因此，对任意违反安全生产制度，不遵守劳动纪律，工作不负责任，以致造成重大事故者，应依据情节轻重进行严肃处理。

分析事故敢不敢坚持原则和实事求是，善不善于调查分析，能不能落实"四不放过"原则，是反映一个企业安全生产工作落实的关键，也是安全监督和管理人员的素质与业务水平的主要体现。

六、编制反事故措施计划

反事故措施计划是组织、动员水电站职工积极开展反事故斗争的重要手段，是有计划地消灭事故、扭转不安全局面的重要措施。水电站在编制设备更新、改造计划及设备大修计划的同时，应编制好每年的反事故措施计划。反事故措施计划主要内容如下：

（1）有关安全的全厂性培训活动，如年度的规程学习与考试、新工作人员上岗前的培训考核等。

（2）进行事故预想，开展反事故演习。

（3）对已发生的事故、故障和异常情况提出防止对策，执行上级部门的反事故措施计划。

（4）需要消除的可能造成事故的重大设备缺陷。

（5）提高安全的重大技术改进措施，防止人身事故和改善劳动条件的安全技术措施等。

第四节　小型水电站生产管理

生产管理应从全局出发，制订统一的运行、检修规划，并应根据电网的实际情况考虑水电站的年、季、月的生产计划。单独供电的水电站则考虑用户用电的季节性需要来编制各项计划。

一、生产计划编制

在编制生产计划时，应做到节约用水、合理用水、一水多用、一站多能的原则。对有水库调节的水电站，应做好全年总蓄水量的预算；对以灌溉为主结合发电的水电站，应列出灌溉库容；对以防洪为主结合发电的水电站，应列出防洪库容，以便正确处理发电与灌溉、防洪的关系，保证获得最大的综合效益。当发生矛盾时，应照顾到灌溉的需要、防洪的安全：水电站既要考虑自身的经济效益，又要考虑社会效益。

水电站的生产计划包括下列内容：

（1）分别列出每季、每月数的年发电量。

（2）预计每度电的耗水量、耗水定额。

（3）厂用电量及厂用电率。

（4）单独供电的水电站，要考虑输电线路的线路损失。

（5）有水库调节的水电站，要按天气预报情况，考虑不同时期的允许库水位，以便充分利用水头及尽量少弃水。

（6）以灌溉为主结合发电的水电站，要列出不同时期的灌溉库容；以防洪为主结合发电的水电站，要列出不同时期的防洪库容，以便正确处理发电用水与灌溉、防洪的关系。

（7）年发电成本和单位电量的成本核算。

二、运行方式管理

水电站应根据生产计划的安排和电网调度的要求，确定自己的发电计划和设备运行方式，使设备的运行方式符合安全、经济、合理的原则。

在运行方式中，应对水电站设备的正常、特殊运行方式有明确的规定，对节日调度、重大试验要有保证安全的措施。

运行值班人员应根据运行方式的要求，根据有关规定、试验资料和设备的具体情况进行经济调度，保证全厂在最经济工况下运行。

为保证优化运行，提高机组的效率，应注意下列几点：

1. 减少水力损失

水电站输出功率决定于水轮机的流量、水头和机组的效率，而机组的效率主要与设备状况与运行工况相关。减少水力损失应从流量、水头的因素进行考虑，流量损失有水工建筑物的渗漏、设备漏水，还有可能因调节、调度不当而引起无效弃水。前者可以通过加强对水工建筑物的观测、维修及水轮机的经常维护来解决；后者则要认真研究水源情况，掌握水库调节规律，了解负荷变化情况，在调度上多下工夫，做到既不浪费水，又能满足负荷的需要。有调节库容的水电站，要根据不同季节，合理调整库水位，尽量使其在高水头多发电，但在丰水季节，考虑防洪的要求，不能把库水位蓄得太高。为此，要与气象、水文部门密切联系，预计旬、月、季的来水量，根据气象预报，合理调节库水位，做到少弃水或不弃水。

2. 合理地进行水位调度

水头的高低将直接影响机组的功率，如何利用高水头发电是管理人员必须认真考虑的。有水库调节的水电站，一般都是以防洪、灌溉为主结合发电的水电站，故应综合各方资料作出合理使用水头的方案。径流水电站机组经常碰到下游淤积，尾水位抬高，使运行水头降低，为提高水头，可在枯水期对下游河道进行清淤。

3. 合理选择机型及合理配套机组

不少中小型水电站在选择机组时，由于计划不周或其他原因，造成水轮发电机转速不配套，影响机组输出功率；水轮机容量大于发电机容量，不能充分发挥水轮机的潜力，使水轮机处于不利的工况下运行；或水轮机容量小于发电机容量，使发电机的输出功率不足。为充分利用水轮机、发电机的效能，要求水轮机与发电机的额定转速相匹配，在容量上一般要求水轮机的额定输出功率稍大于发电机的额定输出功率。

4. 开展经济运行，合理进行机组调配，使机组尽量在最佳效率区运行最佳运行区的确定要靠实际测试才能得出结论，或向发电设备制造厂索取水轮机运行曲线来选择最佳运行区。装机容量较大的水电站，在枯水期水源不足的情况下选择最佳运行区显得更为重要。应注意的是导叶开度最大不一定是最佳运行区。

三、检修计划编制

根据水电生产的特点，检修工作计划的安排必须贯彻"预防为主，计划检修"的方针，切实做到"应修必修，修必修好"。检修工作必须坚持"质量第一"、"安全第一"，并结合检修工作进行挖潜、革新、改造，在保证设备质量的基础上，延长检修周期，缩短检修工期，努力提高设备利用率。

水电站机电设备的检修分为年度大修和平时维修两种情况。年度大修一般在枯水期进行，约10月下旬至次年2月底，具体安排要看各水电站不同情况而定，径流水电站一般放在8～10月少雨季节为宜。平时的维修保养要视设备的健康情况定出维修计划，一般以各台机组轮流维修为好。编制年度大修计划前应做全面的调查研究，摸清一年来来设备的运行情况及主要缺陷，然后确定检修项目及经费预算。

1. 年度检修计划内容

（1）检修项目。列出水工建筑物的部位、名称、内容，水轮机、发电机、电气设备、直流系统和输电线路等的检修，还要根据运行中发现的问题列出更新、调换的设备及需添置的设备。

（2）检修性质。分为事故检修和计划（正常）检修，应根据设备检修前的技术条件和运行状况参照有关规程确定。在编制年度检修计划时，应为事故检修做好预案。

（3）所需要的主要量具和仪表，如水平仪、千分尺、绝缘电阻表、钳形电流表、万用表、电桥等。

（4）检修时所消耗的材料和备品备件。按照检修项目和设备类型，对消耗材料及备品备件的规格、型号、数量进行逐个登记并检查落实后，才能停机检修。

（5）进度安排和完成计划的措施。检修计划应根据工作内容和技术力量的状况，提出进度和时间的要求，并应提出保证计划实施的有效措施；检修工作应有组织、有领导地进行，要做到事先有部署，工作有检查，事后有验收；要把具体项目、内容、要求落实到班组，充分发挥班长及职工的作用。

2．编制计划预算

根据检修内容和备品备件的数量提出预算，其项目大致分为以下几类：

（1）水工建筑物维修所需的材料及工时费用。

（2）机械设备检修时的备品备件的购置和加工费用。

（3）电气设备检修时的备品备件和消耗材料以及试验费等。

（4）检修时所必需的工具量具和仪表仪器的费用。

（5）输电线路维护时所需的消耗材料和备品配件费用。

（6）其他费用，包括改造设备缺陷、技术革新以及劳保用品等费用。

上述预算可以参考有关设备的产品目录和施工定额，通过编制预算确定维修费用所需要的总经费。

四、检修质量管理

检修管理既是生产技术管理，也是全面质量管理。检修工作实行全面质量管理，是保证检修质量的必要手段。所谓全面质量管理，是指全员参加的管理、全面质量的管理、全部过程的管理。

在检修工作中，应加强对每一道工序的管理，所有的检修工作都应有完整的记录和数据，并应对各项工序的质量进行验收。

有关各项技术监督项目的验收，应由专业人员参加验收。重要工序的分段验收项目及技术监督的验收项目，应填写分段验收记录，其内容有检修项目、技术记录、质量评价以及检修人员和验收人员的签名。

主要机电设备大修后的竣工验收和整体运行，由水电站相关负责人主持，指定有关人员参加。一般整体试运行时，应由检修负责人和运行负责人共同进行。

五、备品配件管理

备品配件是指生产设备在正常运行的情况下，为保证安全生产必须储备的设备、部件、材料和配件。备品应按本身性质的不同分为配件性备品、设备性备品和材料性备品；按其重要性分为事故性备品、轮换性备品和消耗性备品。

备品管理是一项技术性、经济性和责任性很强的工作。做好这项工作，对于及时消除设备缺陷、防止事故发生和加速事故抢修、缩短停机时间、提高设备健康水平、保证安全经济运行有着重要的作用。中小型水电站应根据相关备品配件的管理办法，制定自己的备品配件管理办法和备品储备定额。水电站应努力提高备品自给率，注意积累易损零部件更换周期的资料，制定出符合实际情况的年度和季度备品消耗定额。积极做好备品配件的订货工作。备品图纸要齐全、准确，备品的储备要符合定额，使用过的机件能修复的应及时修复，提高备品修复率。

备品应始终保证质量合格，以便及时更换使用，使用后的应及时补充。过多备品的储备会造成浪费；但储备不足，供应不及时，会拖延检修时间，甚至使事故抢修或检修工作无法进行，延长停机等待时间，影响水电站的发电和经济效益。

🐚 第五节　小型水电站技术管理

为了确保机组的正常运行，达到或超过设计所规定的技术经济指标，对水电站的水工建筑物和机电设备必须加强管理。目前，许多中小型水电站普遍存在着新工人多、技术水平差、管理水平又跟不上的落后现象。

随着市场经济的发展，新技术、新设备不断出现，近几年来小水电事业发展也很快,如何加强中小水电的技术管理显得更加迫切和重要。

一、技术培训工作

加强水电站职工的技术培训工作,提高职工的技术业务水平,是中小型水电站面临的一项重要工作。技术培训工作应制定完整的培训制度和计划,定期执行培训任务,并利用技术讲座、技术表演赛、现场考核等多种形式,开展经常性的技术练兵活动,不断提高职工的技术业务水平,使运行人员熟悉主设备的构造、性能和有关各系统的设备和布置,熟悉本岗位的规章制度,熟练掌握各种运行操作和事故处理方法;能分析仪表的各种指示和判断异常情况,能看懂设备和系统的图纸,能使用一般的工具处理一般的设备缺陷。对维护与检修人员,应熟悉设备装配工艺和质量标准,熟练掌握一般的钳工工艺,熟悉设备的结构、性能和系统布置;能了解材料的规格、性能和使用范围,能看懂设备的构造图纸;能掌握本职范围内的安全知识和设备缺陷处理方法。

二、技术考核和操作检查制度

为了水电站机组安全经济运行,管理和运行人员都必须了解设备的性能,严格执行运行规程、安全规程和操作制度。要做到设备有人管,技术有人抓,事故有人问,操作按规程,检修应及时。保证设备安全、经济运行,应做好以下几方面的工作:

(1)运行人员上岗前要进行安全教育、厂规厂纪等规章制度学习及劳动纪律的教育,并进行安全规程的学习和考试,考试合格后方可进入生产车间上岗实习。在独立操作前,应进行操作规程及"应知"、"应会"考试,考试合格经主管生产的领导及技术人员审查批准后,方可进行独立操作。严禁不熟悉设备性能及不懂操作规程的人上岗独立工作。即使熟练工人,离岗6个月后重新回岗上班的,也应进行安全规程和操作规程的考试,然后才能继续上岗值班。为巩固安全知识,牢固树立安全思想,对长年上岗的运行工、检修工也要有计划地进行一年一度的安全规程考试。

(2)水轮发电机组及其他附属设备应在许可的参数内运行,

若超输出功率运行时，应严格执行有关规定，密切监视运行参数，摸清新的规律，做好分析和试验；同时，需经技术负责人及领导批准，绝对不允许盲目地超额定参数运行。

（3）不允许有严重缺陷的设备长期运行，即使在负荷相当紧张的情况下，也要统一安排，及时检修。设备缺陷的技术改造要经过技术鉴定，并报上一级批准。

（4）设备检修投入运行前，检修人员应向运行人员交待检修情况，共同启动机组，办理交接手续。检修人员对大修过的机组要进行一段时间的试运行（一般为24h），以便在试运行中发现问题再进行处理。试运行合格后再交付运行人员管理。

（5）小型水电站的水工观测、水文气象观测、备品消耗、磨损分析等，是指导运行的重要资料；各种系统图、结构图、电气接线图、备品配件图是指导运行的依据，要有专人保管好，以供需要时参阅。

（6）认真做好技术资料、检修资料的管理工作，不断积累经验，更好地掌握生产规律、设备性能。资料应放在专门的档案室，并有人专门负责收集、整理和保管。技术资料不得随便外借，必要时可在资料室查阅。

（7）建立工作票、操作票制度及设备缺陷管理制度和考核制度。工作票制度是运行检修工人在电气设备上工作，保证安全的组织措施的重要制度之一。在工作票中明确规定工作票签发人、工作负责人（即监护人）和工作许可人，并明确规定各人的责任范围，以利于检修工作的顺利进行。操作票制度的目的是为防止误操作而引起事故的发生，操作票应明确规定操作人、监护人及操作程序。建立设备缺陷管理制度的目的，是为了及时发现设备缺陷，消除缺陷，保证设备在正常状态下运转。为此，水电站必须加强工作票、操作票和设备缺陷的管理和考评工作。

（8）建立适合实际的各种制度和规程。

三、加强运行资料的收集和整理

水轮发电机组运行效率的高低与管理水平、管理方法有着密切的关系。技术管理的另一项主要内容就是加强运行资料的收集和整理工作，为设备运行方式的制定和经济运行方式的确定，为设备检修计划的安排提供依据。

四、不断提高设备自动化水平

随着电力工业的发展，并入电网的小型水电站日益增加，但目前多数小型水电站，特别是小型水电站设备简单，技术落后，很多工作人员未通过培训上岗值班，且普遍采用手动操作，对操作人员的要求高且复杂。同时，管理人员少又不固定，且没有专管技术的人员，与迅速发展的小水电很不相适应。实现中小型水电站综合自动化，建立一支懂技术、会管理的技术队伍，是小型水电站当前技术改造、技术管理的重要工作。

目前有不少小水电站已实现计算机监控，自动化程度较高。但真正实现自动化监控操作的小型水电站还较少，这就需要在水电站计算机监控系统的选型设计和维护阶段进行大量的技术工作，以促进小型水电站真正的"无人值班，少人值守"时代的到来。

第二章

水轮发电机组运行

第一节 水轮发电机组基本参数

由水轮机及发电机组成的水轮机发电机组是一个电站的核心主体设备,水轮机作为把水力资源的水能转换为机械能的动力设备,对电站水能的经济利用和经济效益及安全运行意义重大;发电机负责把水轮机的机械能转换为电能发出电来,同样是电站的核心主体设备。

水轮发电机主要由以下三部分组成:

(1)转子。它包括主轴、转子支架、磁轭、磁极(磁极铁芯、励磁绕组、阻尼条)和制动环等。

(2)定子。它包括定子机座、定子铁芯、定子绕组和空气冷却器等。

(3)轴承。它包括推力轴承、上导轴承、下导轴承。

水轮机要正常安全运转还需要附属设备调速器及主阀和辅助的油、气、水系统及机组自动控制操作保护监测系统。调速器是值班运行中操作调整控制的主要附属设备,也是调整发电机组转速(电压的频率)和调整发电机向电网输送有功功率的附属设备。频率和有功功率的调整,一般调速器能自动进行调整。必要时或调度下令增加及减少有功时,运行人员可以通过操作调速器开度增加或减少水轮机的进水量改变有功功率。

发电机由水轮机带动正常发电运转还需要励磁设备及其励磁系统和继电保护及二次系统。

一、水轮发电机型式

按轴线布置型式的不同，水轮发电机分为立式布置和卧式布置两类，卧式水轮发电机适用于中小型机组及贯流式机组，而大中型机组一般均采用立式布置。

立式布置的水轮发电机又根据推力轴承位置的不同，分为悬式和伞式两种。悬式发电机的推力轴承位于发电机转子上部的上机架上或上机架中；伞式发电机的推力轴承位于转子下部的下机架中，或用支架支承在水轮机顶盖上。伞式发电机又可分为以下三种：

（1）普通伞式：上、下导轴承分别位于上、下机架中。

（2）半伞式：只有上导轴承，无下导轴承。

（3）全伞式：只有下导轴承，无上导轴承。

二、水轮发电机基本工作参数

反映水轮发电机工作过程中基本特性的参数，称为水轮发电机的基本工作参数，其主要有：发电机的视在功率 S、有功功率 P、功率因数 $\cos\varphi$、转速 n、发电机效率 η、飞轮转矩 GD^2、发电机同步电抗 X_d、短路比、定子电压 U、定子电流 I、励磁（转子）电流 I_f 等。

1. 定子电压 U 和定子电流 I

定子电压 U 是指发电机出口母线的线电压，定子电流 I 是指发电机输出的三相的相电流。同步发电机正常运行时，其定子电压一般维持在额定电压 U_N 附近，定子电流不超过额定值 I_N。所谓额定电压是指在正常运行时，按照制造厂的规定，定子三相绕组上的线电压，单位为 V 或 kV；而额定定子电流是指在正常运行时，按照制造厂的规定，流过定子绕组上的线电流（相电流），单位用 A 或 kA 表示。

2. 发电机的视在功率和功率因数

同步发电机的容量一般用视在功率 S 表示。三相同步发电机的视在功率为

$$S = \sqrt{3}UI \tag{2-1}$$

当发电机定子电流为 I_N、定子电压为 U_N 时，发电机视在功率为发电机的额定容量

$$S_N = \sqrt{3}U_N I_N \qquad (2\text{-}2)$$

发电机输出的有功功率 P 为

$$P = S\cos\varphi \qquad (2\text{-}3)$$

式中，$\cos\varphi$ 为发电机的功率因数，其大小反映了发电机有功功率占视在功率的比例。对应的 φ 称为功率因数角，是定子电压与定子电流之间的相位关系。当 $\varphi=0°$时，定子电流与定子电压同相，这时发电机发出的全是有功功率；当 $\varphi>0°$时，即定子电流滞后于定子电压，发电机在发出有功功率的同时，发出感性无功功率 Q；当 $\varphi<0°$时，即定子电流滞后于定子电压，发电机在发出有功功率的同时，发出容性无功功率，即吸收系统的感性无功功率 Q。无功功率 Q 为

$$Q = S\sin\varphi \qquad (2\text{-}4)$$

在电力系统中，除阻性负荷外，还存在一部分感性负荷如电动机，此外变压器和线路也需消耗一定的无功功率。而电容性负荷则会产生一部分无功功率。为了保证无功功率的平衡和系统电压的稳定，同步发电机在正常运行时除发出一定的有功功率外，还要发出或吸收一部分无功功率。

当发电机定子电流为 I_N、定子电压为 U_N，且为额定功率因数时，对应的发电机有功功率称为发电机的额定功率 P_N，对应的无功功率称为发电机的额定功率 Q_N。

3. 发电机效率 η

由于发电机内部存在铁损和铜损及旋转摩擦损失，水轮机输入给发电机的机械功率不可能全部转换为电能，发电机输出有功功率与输入到水轮机轴功率的比值称为发电机的效率。

水轮发电机组的效率为

$$\eta = \eta_t \eta_G \qquad (2\text{-}5)$$

式中 η_t——水轮机效率；

24

η_G——发电机效率。

4. 转速 n

转速是指发电机运行时，其转子在单位时间内的旋转转数，单位为 r/min。在正常运行时，发电机的转速总是在额定值附近运行。对同步发电机，转子转速是与定子旋转磁场保持同步的。定子旋转磁场和发电机发出的交流电的频率之间的关系为

$$n = \frac{60f}{p} \tag{2-6}$$

式中　f——交流电的频率，在我国为 50Hz；

　　　p——发电机转子的磁极对数。

从式（2-6）可知，发电机的额定转速总是与 50Hz 有严格的对应关系，当发电机转子的磁极越少，其额定转速越高；反之，当发电机转子的磁极越多，则额定转速越低。当水轮机与发电机同轴时，发电机转速与水轮机转速相同，称为机组转速。

5. 飞轮转矩 GD^2 和机组惯性时间常数 T_a

飞轮转矩 GD^2 和机组惯性时间常数 T_a 是影响电力系统暂态过程和动态稳定的重要参数，它直接影响发电机在甩负荷时速率上升率和系统负荷突变时发电机的运行稳定性。T_a 越小，机组甩负荷时的转速上升率越大；T_a 越大，越有利调节过程的稳定。对于小型水轮发电机组，若 T_a 太小，机组的稳定性可能变差，这时可在轴端增加一个飞轮以增加 GD^2。

6. 发电机电抗

发电机的主要电抗有：

（1）纵轴同步电抗 x_d：取决于电枢反应磁通和漏磁通，通常为 0.7～1.6。

（2）纵轴暂态电抗 x_d'：取决于转子和定子的漏磁通，空冷发电机一般为 0.24～0.38。

（3）纵轴次暂态电抗 x_d''：取决于转子和定子的漏磁通及阻尼绕组的漏磁通。

电抗的增加有利于减少系统的短路电流，但会降低静稳定极

25

限功率，同时使暂态过程中的电磁转矩降低，降低暂态稳定性。

7. 短路比

短路比为发电机在空负荷额定电压时磁动势与三相稳定短路电流时磁动势之比。短路比的大小直接关系到同步发电机的造价和运行稳定性。一般同步发电机的短路比为 0.9～1.3，标准值为 1.1。

8. 励磁电压 U_f 和励磁电流 I_f

同步发电机在正常运行时，必须在发电机的转子绕组通入直流电流，以建立磁场。发电机在运行过程中，加在转子绕组两端的电压称为励磁电压，而通过转子绕组的电流称为励磁电流。

当发电机与系统解列，机端定子电压为额定时，对应的转子电压称为空负荷励磁电压，相应的转子电流称为空负荷励磁电流。

当发电机带负荷输出为额定视在功率，功率因数为额定值时，对应的转子电压称为额定励磁电压 U_{fN}，相应的转子电流称为额定励磁电流 I_{fN}。

水轮发电机组的上述工作参数与水轮发电机组的运行状态紧密相关，水轮发电机组可按铭牌数据长期连续运行。

🌢 第二节　水轮发电机组正常运行方式

水轮发电机组的主要运行方式为发电状态，但根据电网和用户的用电需要，水轮发电机运行工况也会发生变化。根据不同运行工况的运行特征，可分为停机备用、空负荷运行、发电运行和调相运行四种基本运行方式。

一、停机备用

水轮发电机组的特点之一就是启动迅速、并网快，能作为系统的事故备用机组快速投入系统，以提高电力系统供电的安全可靠性。并入系统运行、由系统统一调度的水轮发电机组，其停机状态也是正常运行方式之一。

在停机备用期间，必须确保水轮发电机组及其辅助设备保持完好状态并具备开机条件，以确保需要时能及时启动。如机组长期处于备用状，则应采取措施防止发电机绕组受潮。

对停机备用的水轮发电机组，有如下基本要求：

（1）发电机定子回路、转子回路的绝缘应合格。

（2）发电机机各仪表，各操作、控制开关，信号、指示灯完整无缺。

（3）机组保护完好，交直流操作电源投入。

（4）机组各轴承以及油断路器的油位、油色正常，且无漏油。

（5）各自动装置投入，调速器、励磁装置在正确位置。

（6）调速器油压正常，油泵电源投入。

（7）进水闸门、主阀在全开位置，并保证全压状态。

（8）备用机组应与运行机组一样，定时进行巡视检查，并不得进行无关的操作和未经许可的作业。

（9）对于立式机组，当机组连续停机超过一定的时间间隔时（如72h），应执行一次顶转子操作或将机组启动空转一次。

二、空负荷状态

机组转速为额定值，发电机出口断路器在断开位置的运行方式称为空负荷状态。根据是否加励磁，又可分为空负荷无压状态和空负荷建压状态两种情况。

空负荷无压状态：机组接到开机令，导叶开度打开，机组转速上升并稳定在空负荷额定值，此时机组转速为空负荷额定转速。

空负荷建压状态：机组接近空负荷额定转速时将灭磁开关合上，励磁系统投入，逐步增加发电机励磁电流，使发电机端电压为额定值。此时发电机电压为空负荷额定电压，所加励磁电流为空负荷励磁电流，转子绕组上的电压为空负荷励磁电压；对于有励磁机的系统，励磁机电压即为空负荷励磁电压。

空负荷额度转速下的导叶开度为空负荷开度，空负荷开度是一个随水头变化而略有变化的量。由发电机组的运动方程和电动势平衡方程可知：空负荷状态下，调整导叶开度就可改变机组转速，调整励磁电流就可以改变发电机电压。

空负荷状态在实际运行中的意义在于每次发电机并列前，应观察记录各空负荷运行参量，并与以前历次启动过程进行比较，检查各参数有无变化，若发生变化，应分析判明原因，待一切正常后才允许将发电机并列到系统运行。

发电机空负荷运行是发电机投入运行前的重要环节，为了保证发电机带负荷运行的良好性能，往往在空负荷状态下进行各种试验及参数测定并进行参数整定，如：①调速器的空负荷扰动试验；②励磁调节器的10%阶跃试验；③发电机的开路特性（空负荷特性）测试。

三、发电状态

空负荷额定状态下，机组与系统同期并列，发电机出口断路器合上，机组并入系统运行，并向外送出有功功率。一般采用滞相发电运行，即发电机向系统输出有功和无功功率，此时发电机电动势高于系统电压。但在系统电压变化的过程中，当系统电压升高时，也可能进入进相发电状态，即发电机向系统输出有功功率的同时吸收系统无功功率。在系统电压偏高时，为保证机组输出一定的有功功率，有时也采用进相发电方式。

1. 发电机负荷调整

发电机在带负荷过程中，随着用户用电负荷的不同，所带负荷性质可能是感性的，也可能是容性的，或者是纯电阻性的。无论是哪种性质的负荷都会产生电枢反应磁场，对发电机磁场产生影响，导致发电机机端电压会随定子电流的变化而变化，这就要对发电机的定子电压进行调整，也就是要对发电机的励磁电流进行调整。

机组并入无穷大电网运行时，定子电流与励磁电流的关系曲线如图2-1所示。同一台发电机，对应不同的有功功率，有不同的U形曲线。图2-1中给出了发电机输出功率P为0，$P=P_1$和$P=P_2$时的U形曲线（$P_2>P_1>0$）。曲线的最低点代表$\cos\varphi=1$，此时定子电流最小。各曲线的最低点用虚线连接起来，将曲线划成两个区。图 2-1 虚线的左边代表欠励状态，此时发电机功率因数超前，发电机输出容性无功功率，励磁电流增加，发电机输出的容性无功功率减少，定子电流减小。虚线的右边代表过励状态，此时发电机功率因数滞后，发电机输出感性无功功率，励磁电流增加，发电机输出的感性无功功率增大，定子电流增大。从发电机的 U 形曲线，可以得出这样一个结论：当增加机组有功功率时，若励磁电流不变，发电机输出的无功功率将降低。若需保持发电机无功功率不变，则必须增大发电机的励磁电流。反之，当减少机组有功功率时，若励磁电流不变，发电机输出的无功功率将增加。若需保持发电机无功功率不变，则必须减小发电机的励磁电流。

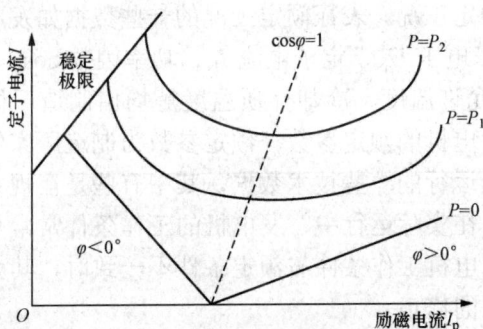

图 2-1　U 形曲线

在实际运行中，水轮发电机组并不是并入到无穷大电网中，因此，当调整水轮机的导叶开度时，发电机输出的有功功率会相应变化，频率也可能会略微有些变化。特别是当水电机组运行在小电网，且机组容量占系统总容量的比重较大时，增加水轮机的导叶开度，会使发电机的功率增加，同时会导致系统频率上升；反之，当减小水轮机的导叶开度，会使发电机的功率减小，系统频率下降。

当发电机组并入大电网运行时，增加发电机的励磁电流，会使发电机输出的无功功率增加，发电机定子电流增大，此时，由于线路和变压器阻抗的存在，发电机定子电压会略有上升。反之，减小发电机的励磁电流，发电机输出的无功功率减小，发电机定子电压会略微下降。

当机组运行在小电网时，改变发电机的励磁电流，会导致发电机的无功功率和机端电压同时发生变化。如果电网很小或是单机带负荷时，用户负荷的变化会导致系统（机组）频率和电压的较大变化。因此，水电站运行人员应根据机组负荷情况及调度的命令及时做好机组有功功率和无功负荷的调整，使机组运行在最佳状态，并保证系统的频率和电压稳定。

2. 发电机额定运行参数和允许运行范围

水轮发电机根据其设计和制造所规定的条件长期连续工作，称为额定工况。表征额定工况的一些数据如发电机视在功率 S_N、定子电压 U_N、定子电流 I_N、功率因数 $\cos\varphi$、转子电流 I_{fN} 和长期允许温度、冷却介质温度等均由制造厂标记在铭牌上，称为发电机的额定参数。额定参数为制造厂家保证发电机能长期连续运行的一些技术数据，其中有些是在规定条件下的允许输出。在实际运行中，发电机的工作条件常常与额定条件不同。当发电机工作条件与额定条件不一致时，其允许的输出也应作相应的修正。

水轮发电机组发电运行时，其输出有功功率受水轮机功率的限制，输出视在功率受发电机定子电流的限制。滞相运行时，当功率因数较低时，其输出无功功率受发电机转子电流的限制；进相运行时，其吸收无功功率的多少受静稳定极限和定子端部发热的限制。

并入系统的发电机，必须根据系统情况，调节有功功率输出和无功功率输出，当 $\cos\varphi$ 下降时，容许的有功功率减少，容许的无功功率增加；反之，当 $\cos\varphi$ 升高时，容许的有功功率增加，容许的无功功率减少。

四、调相状态

发电机只发出无功功率或只吸收无功功率的运行方式称为调

相状态，其目的是为了保持电力系统无功功率平衡，改善供电电压质量。

水轮发电机组作调相运行时，所需设备少，操作简单，且调相状态与发电运行状态能迅速转换。在调相运行中，机组由系统拉入同步，需消耗一定的有功功率，因此应尽量减少在调相状态下机组转动部分所受的阻力，通常用压缩空气将转轮室的水位压低，使转轮脱离水在空气中旋转。

发电机调相运行时，可以根据系统的需要，发出感性无功功率（吸收容性无功功率）或发出容性无功功率（吸收感性无功功率）。调节发电机的励磁电流，改变发电机电动势就可完成上述转换。水轮发电机组调相容量的大小应根据发电机转子绕组允许温升确定，通常水轮发电机的调相容量范围为发电机额定容量的60%～70%。

调相运行方式在大型水轮发电机组中多有采用，在小型水轮发电机组中较少采用。

如技术说明书无规定，水轮发电机一般不作调相运行。

第三节　水轮发电机组正常运行监视

为保证安全优质地生产电能，对运行中的水轮发电机组及辅助设备，必须认真负责地进行监视，即使是备用机组，也应该像运行中的机组一样认真地监视，一旦发现设备有缺陷和异常情况，要及时汇报，迅速处理。

运行人员应严格监视监视屏上的表计变动情况，并每隔 1h 对机组及电气设备的主要参数进行记录。在有计算机监控的水电站中，在中央控制室的上位机显示屏上，进行画面切换，监视检查。同时还必须定时到现场进行巡视检查监视。

一、发电机温度监视

1. 发电机定子绕组与铁芯温度监视

带负荷的发电机，因铜损和铁损产生热量，使定子温度升高。

当温度超过绝缘材料允许值时，会使绝缘材料特性老化，绝缘强度降低，严重时将绝缘击穿，发生短路导致烧发电机。

在通常情况下，发电机转子铁芯和绕组的温度要比定子铁芯的温度低一些，定子铁芯的温度又要比定子绕组的温度低。考虑监测的方便，主要监视发电机定子绕组的温度，而定子绕组外部的绝缘材料影响了绕组内铜导线的散热，使绕组绝缘材料内、外层的温差约有20℃，再加上测量的分散性，故测得的温度可能会更低于实际最高温度。为此，对发电机的温度监视应严格按规程规定的温度限额控制。发电机重要部件温度和温升见表2-1。

表 2-1　　　　　　　发电机重要部件温度和温升　　　　　（℃）

部件名称	测量方法	允许温度	温升
定子绕组	埋入式检温计法	105	65
定子铁芯	埋入式检温计法	105	65
转子绕组	电阻法	130	90

注　冷却空气温度为40℃。

发电机绕组温度最好一般控制在60~80℃，最高温度不得超过105℃。定时切换测温装置，并做好记录。特别要注意在同一环境温度、同一负荷条件下，发电机温度的反常变化情况。

2. 发电机风温监视

当发电机运行中电压与电流保持不变时，发电机绕组与铁芯温度决定于冷却介质的温度与温升。因此除监视发电机绕组和铁芯温度外，还需认真监视发电机出口风温。为避免发电机结露，最低进风温度不低于5℃。为防止发电机过热，最高进风温度应低于40℃，一般在20~30℃较为合适。

二、发电机电压、电流和功率因数监视

1. 电压监视

发电机在额定转速和额定出力不变的条件下，电压变动范围允许在额定电压的±5%范围内运行，最高不大于额定电压的110%。但此时励磁电流应不超过额定值。最低电压应根据系统稳定运行的要求确定，一般应不低于额定电压的90%，此时定子电流应不超过额定值。

2. 电流监视

发电机定子电流应不超出额定值，三相不平衡电流不应超过电流的20%，且任意相电流不应超过额定值，并遵守表2-2允许短时过负荷的规定。

表2-2　　　　　水轮发电机短时过负荷电流允许值表

定子绕组过负荷电流（A）/ 额定电流（A）	1.1	1.12	1.15	1.25	1.5
过负荷时间（min）	60	30	15	5	2

3. 功率因数 $\cos\varphi$ 监视

发电机的功率因数 $\cos\varphi$ 额定值为 0.8，一般不超过 0.95 情况下可正常运行。若配有自动励磁装置的发电机，必要时可在功率因数等于 1（$\cos\varphi=1$）条件下运行，但不允许进相运行。当功率因数低于 0.8 时，监视定子电流和励磁电流应不超过额定值。发出无功功率的多少，由励磁电流不超过的允许值决定，并考虑发电机的稳定运行。

三、机组频率监视

电压频率也是供电质量的重要指标之一。我国规定电压额定频率为 50Hz，允许偏差为±（0.2～0.5）Hz。当系统频率在（50±0.5）Hz 范围内变动时，发电机可长期按额定容量运行。在机组频率升高或降低时，必须严密监视发动机的定子电压，励磁电压或励磁电流，定子、转子铁芯和绕组的温度等参数。

四、发电机绝缘电阻监视

发电机每次启动前及停机后，都要用 1000～2500V 绝缘电阻表测量定子绕组的绝缘电阻，并做好记录。启动频繁的机组可以适当减少次数，但至少每月应测量一次，以便掌握发电机在运行过程中的绝缘状况，保证安全运行。

定子绕组的安全绝缘电阻值，规程上未做具体规定，一般是与前次测量结果比较来进行判断。如果所测得的绝缘电阻较上次降低 1/5～1/3 时，则认为绝缘不良。在测量绝缘电阻的同时，还应测量发电机绝缘的吸收比。要求 $R_{60s}/R_{15s} \geq 1.3$，若低于 1.3，则说明发电机绝缘已受潮，应予以干燥。

对发电机转子绕组及励磁回路的绝缘电阻的测量，使用 500～1000V 绝缘电阻表。发电机转子绕组绝缘电阻往往和励磁回路一起测量，只有当发现问题时才分开测量。在热状态下解列停机后，全部励磁回路的绝缘电阻应不小于 0.5MΩ。

为了防止发电机产生轴电流，轴承对地应该是绝缘的，1000V 绝缘电阻表测量时，其绝缘电阻应不小于 1MΩ，在轴承油管和水管全部组装好的情况下，用 1000V 绝缘电阻表测量，轴承对地绝缘电阻应不小于 0.5MΩ。

绝缘电阻是随着温度的升高而降低的，为了使测得的数据有可比较性，所以每次测量的结果应换算成 75℃时的绝缘电阻值，换算方法如下

$$R_{75} = \frac{R_T}{2^{\frac{75-T}{10}}} \tag{2-7}$$

式中　R_{75}——75℃时的绝缘电阻值；

　　　R_T——测量的绝缘电阻值；

　　　T——测量时的温度。

如测量的绝缘电阻不合格，并判断是因为受潮所致，就必须对发电机进行干燥。发电机干燥的方法有以下几种：

1. 短路干燥法

短路干燥法是将发电机出口三相短接，将机组启动至空负荷额定转速，并加以一定的励磁电流使定子绕组中有电流流过，从而起到干燥的作用。其具体步骤如下：

（1）做好机组启动前的准备工作。

（2）拉开发电机出口断路器与系统间的隔离开关。

（3）将发电机出口断路器下接头进行三相短接，以使发电机定子三相短路（注意：短接线的截面积应能保证通过额定定子电流）。

（4）将水轮发电机组启动至空负荷，并保持额定转速。

（5）置励磁调节器于手动方式，逐步增加发电机励磁电流，使发电机定子电流平稳上升，并分别维持在 50%、70%、80%、90%各运行 1h。

（6）再增加励磁电流，使定子电流升至额定值，保持至烘干为止。在短路干燥过程中，应注意监视发电机定子绕组温度，加热温度升高不要过快。定子绕组温度不得超过 90℃，铁芯表面温度不得超过 60℃。同时，绕组和铁芯不应有局部过热、焦味和冒烟等异常现象。

2. 自然空转风冷法

将机组启动空转，不加励磁，利用发电机转子风扇产生的风自然干燥。

3. 通直流电法

将发电机的三个定子绕组串联或并联。将直流发电机的电流或整流器的电流，通入定子绕组中，以电流流过绕组产生的发热来烘干发电机的定子或转子。通入直流电的大小，最大不得超过发电机铭牌上规定的额定电流的数值，一般为额定电流的 50%为宜。

五、机组轴承的监视

1. 温度监视

轴承在工作中与轴颈（镜板）发生相对运动，产生摩擦发生热量，润滑油起润滑与冷却作用。在运行中轴承温度过高，会使润滑油黏度下降油质劣化，导致油膜厚度减薄，润滑条件恶化，严重时引起瓦衬熔化。因此，运行人员务必加强轴承瓦温和油温的监视。

运行中轴承温度通常在 60℃以下，信号（故障）温度一般为 60℃，事故温度为 70℃，作用于停机。一般规定油温不得高于 55℃。

2. 油质油面的监视

（1）油质监视。水轮发电机组一般采用 30 号汽轮机油。油质除定期化验外，还需在运行中注意观察。油色应透明呈橙黄色。若油色混杂发白，表示油中含过量的水分，油色发黑变暗是油中含杂质和碳份引起的。碳份增加是油温度过高造成的，往往是烧瓦的预兆，必须引起运行人员足够重视。

（2）油位监视。油位正确是保证轴承安全运行的重要条件之一。油位过高，会引起轴承甩油；油位过低，会因油量不足而使轴承过热，甚至使瓦衬熔化（烧瓦）。轴承油位应在标准油位线±10mm 范围内运行。

六、机组振动与声响监视

机组在运行中发生的振动与摆度，可用传感器监视，或定期用百分表测量。机组各部位的振动值应不超过表 2-3 的规定。各部摆度应不大于设计规定，无规定时，一般不超过轴瓦的间隙值。

表 2-3　　　　　水轮发电机组各部位振动允许值

（GB 8564—1988）　　　　　（mm）

项　目		额定转速（r/min）			
		<100	100～250	>250～375	>375～750
		振动允许值（双振幅）			
立式机组	带推力轴承支架的垂直振动	0.10	0.08	0.07	0.06
	带导轴承支架的水平振动	0.14	0.12	0.10	0.07
	定子铁芯部分机座水平振动	0.04	0.03	0.02	0.02
卧式机组各部轴承垂直振动		0.14	0.12	0.10	0.07

注　振动值系指机组在各种正常运行工况下的测量值。

运行中若发现机组异常振动，可先试行调整水轮机开度，避开可能的空蚀振动区，机组内部有金属摩擦和撞击声，应立即停机进行检查，查明原因，进行排除。

七、水轮机运行监视

1. 主轴密封监视

要求密封不过热，漏水量小。

液压式端面密封：运行时依靠水压使 U 形橡胶密封环端面紧贴转环进行密封，密封的注水压力为 0.05～0.1MPa。

石棉盘根主轴密封在运行中要求稍有漏水，以使润滑冷却摩擦面，但是不能成线漏水，以避免水进入水导轴承。

2. 导水机构监视

剪断销无剪断，连杆、拐臂间无杂物，导叶套筒处不漏水，顶盖排水畅通，水轮机室无大量积水，接力器动作正常。

八、冷却系统的监视

冷却水水压指示正常，水流畅通，示流器指示正常。轴承冷却水温度应在 5～40℃之间，机组的总冷却水压力正常，推力、上导、下导、三器水压正常，各示流继电器指示正常，各管路阀门不漏水。

发电机的空气冷却器不漏水，无大量结露，发电机的风洞内无异常气味和声响。

九、测量、控制和保护屏监视

对机旁屏及制动柜，要求各动力设备的自动开关在合闸位置，水车盘电源刀开关在合闸位置，各熔断器熔丝完好无损；机组保护屏无掉牌；各连接片投、切位置正确；各继电器工作良好，整定值无变化；测温装置工作良好，指示正确。

第四节 水轮发电机组试运行

新安装或大修后的机组，应在启动验收委员会领导下进行试运行，包括：机组试运行前的机电试验结果检查核对；机组试运行前现场检查、充水试验；水轮发电机组的不带电空负荷试验；水轮发电机组的带电空负荷试验；水轮发电机组的并网试验；水轮发电机组的调相操作试验；水轮发电机组的甩负荷试验等。经过验收合格，方可投入运行。

试运行前应收回机械和电气两方面的所有工作票，并将工作人员全部退出工作现场。

一、水轮发电机组试运行前检查

1. 过水系统检查

（1）引水进水口拦污栅清洁干净。

（2）引水进水口闸门操作自如，并处于关闭落锁状态。

（3）从引水进口到尾水管尾水门的全部过流道清理完毕。

（4）引水道的通流的闷头、人孔门及阀门已现场确认关闭好。

（5）尾水闸门操作检查正常。

（6）水轮机前的蝶阀调试操作正常，检查无漏水现象，检查事故关闭蝶阀正常。

（7）确认蜗壳、转轮室、尾水管已清理干净，固定转轮的楔子、吊装工具、临时支架等已拆除。

（8）蜗壳排水阀、钢管排水阀确认在关闭状态。

2. 水轮机检查

（1）水轮机及附件已全部安装完毕，施工测量记录完整，上下止漏环间隙合格；发电机盘车的摆度值合格，并经总工程师确认。

（2）真空破坏阀、空气吸力阀已竣工，并调试合格。

（3）顶盖排水装置检验合格，水流畅通。

（4）调相补气系统正常。

（5）轴承安装检验合格，数据记录齐全。

（6）导水机构安装完工合格，并处于关位，接力器锁锭已投入，导水叶的最大开度及接力器行程已测量合格，关闭后的严密性及压紧行程等符合设计要求，测试记录完整。

（7）各接地部分已连接好。

（8）润滑油合格。

（9）各流量计、压力表、示流计、摆度和振动传感器及各种变送器已安装合格，管道附件良好。

（10）各油、水、气管道颜色及标示符合规定，阀门编号符合规定。

（11）属自动控制二次部分的压力、温度等整定值正确。

3. 调速器及其设备检查

（1）调速器整体及管道和油压装置安装完好，调试合格，空负荷扰动试验的参数调整符合国家标准。

（2）调节保证计算经总工程师审定，确定关闭时间，并整定好。

（3）调速器仪表指针正常及红黑针位置全部在零位。

（4）油压装置手动和自动启动正常，压力继电器整定正确，高压补气装置阀门位置正确。

（5）调速器系统联动的手动操作的开和关位置正常。检查调速器、接力器及导水机构联动的动作灵活性、平稳性，并检查导叶开度、接力器行程和调速器柜内的导叶开度指示器三者的一致性。

（6）用紧急停机关闭方法检查导叶全开到全关的时间，并核对调保计算数据。

（7）对调速器自动操作系统进行模拟操作，检查手动及自动开机和事故停机时各部件的正确性。

（8）检查全部管道有无渗漏油的情况。

4. 蝶阀操作柜及压力油系统的检查

（1）确认蝶阀手动和自动开启、关闭模拟试验全部合格。

（2）蝶阀油压装置油压泵启动正常，油压正常。

（3）油泵启动放"自动"位置。

（4）蝶阀控制柜电磁阀位置正确，无异常情况。

（5）充气气压表、油压表指示正确。

（6）人工锁锭开阀前已拔出。

（7）管路无漏油现象。

5. 发电机、励磁机和永磁机检查

（1）发电机安装后，内部清理完毕检查，定子、转子、气隙等数据合格，确认无杂物。

（2）机组电气试验全部合格，并经总工程师核准。

（3）各轴承油质、油位正常。

（4）冷却水管路正常，无渗漏现象。

（5）推力轴承的顶转子及装置使用正常，阀门位置正常。

（6）刹车装置试用合格。

（7）发电机内灭火水管路检查试验合格，有专人确认。

（8）发电机转子、集电环、碳刷试验检查合格。

（9）励磁机气隙合格，引出引入线极性正确、检查无误或励磁变压器检查正常。

（10）永磁机接线正确，气隙合格，并查看特性试验结果合格。

（11）测量工作状态的各表计检验合格。

（12）水轮机及发电机各自动控制保护屏上的定值、核对正确，控制开关位置正确，并有继电保护二次部门专责人员随同检查确认。

二、机组充水试验

1. 充水试验准备工作

（1）经试运现场主管确认，运行前的各项检查已经完毕。

（2）再次确认大坝进水总闸门和工作门处于关闭状态；进水蝶阀（主阀）处于关闭状态；调速器、导水机构处于关闭状态，接力器锁锭已经落锁。

（3）开启尾水门，向尾水管充水，检查顶盖、导水机构、尾水人孔门等是否漏水。

2. 发电引水管充水

（1）充水前应检查，观察引水管总闸门的漏水情况并处理好。

（2）在专人监护下，先慢慢开启总闸门内的专用充水小阀门，禁止先突然开启大闸门，以防止引水管内气压过大引起放爆事故。

（3）记录引水管内充满水的平压时间。

（4）平压后，才能开启大闸门，并在静水中完成开启试验，记录开启时间，然后搁置牢固。

（5）引水管充满水后检查引水管水压读数，检查伸缩节、人孔门、通气孔情况。

（6）检查正常，并报告运行主管确认。

3. 蜗壳充水

（1）按现场规程，第一次手动操作，应先写好操作票，打开蝶阀，观察各项动作程序是否正常，并记录开启时间。

（2）手动操作合格后，再写好自动操作票，分别进行机房现场和远方操作试验，观察动作过程是否正常。

（3）检查技术供水系统情况，观察厂房内渗漏水情况，检查渗漏排水泵工作状况。

（4）经试运主管确认，充水后正常一定时间，才能进入下一步机组启动阶段。

三、水轮发电机组空负荷试运行

1. 启动前准备工作

（1）确认充水试验中发现的缺陷已经处理完毕。

（2）机组周围各层场地清扫完毕，通道畅通，吊物孔已盖好，各部位运行人员已进入预定岗位，测量仪器仪表已调整就位。

（3）调速器面板指针仪表正常，油压装置已完全正常，各阀门已处于开机位置。

（4）机组各轴承油位及测温装置正常。

（5）各部位冷却水、润滑水水压正常。

（6）刹车低压气正常。

（7）上下游水位、各部位原始温度已记录。

（8）发电机顶转子工作按规定已完成，油压撤除后，确认制动风闸已落下。

（9）发电机出口断路器已断开，并拉开相应隔离开关。

（10）发电机的励磁开关 Q_{fd} 处于断开位置。

（11）发电机集电环碳刷已拔出。

（12）水力机械保护装置和测量装置已投入，机组自动屏上各整定值确认正确。

（13）确认机组试验用短接线及接地线已拆除。

（14）临时监视摆度、振动和机组转速的表计已装好到位。

2. 首次启动时手动操作试验

（1）拔出接力器锁锭。

（2）手动打开调速器的开度限制机构，红针指针置于略大于空负荷开度位置，操作动作要求快捷，使机组快速升速，形成轴承润滑油膜，适时调整到额定转速。

（3）专人检查调速器、接力器各压力油管路有无渗油、漏油情况和机组顶盖等处密封情况。

（4）记录机组启动开度和与额定转速相对度的空负荷开度值。

（5）及时记录机组振动值、摆度值和转速值。

（6）及时监视机组各部位运转是否正常。

（7）记录机组运行摆度（双振幅），其值不应超过轴承间隙或制造厂的设计规定值。

（8）记录各部振动值，其值不应超过表 2-3 的规定。

（9）测永磁机电压与频率关系曲线。在额定转速下，测永磁机绕组输出电压值。

（10）测量发电机一次部分残压值和出口电压互感器二次侧的二次残压值，并测量检查相序是否正确。

（11）检查发电机集电环表面情况并处理。

（12）及时检查监视机组各部位是否动转正常，有无金属撞击声、水轮机室窜水、轴瓦温度升高、油槽甩油、摆度及振动过大等，及时报告启动指挥主管，直至紧急停机。

3. 机组空负荷运行时调速器系统的调整和检查

（1）电液转换器或电液伺服阀活塞振动应正常。

（2）调速器本体及油压装置油管路渗漏情况检查。

（3）根据永磁机输出电压或机端电压互感器输出残压，选择调整调速器输入信号源的变压器抽头。

（4）频率给定整定范围应符合设计要求。

（5）进行手动、自动阀的切换操作试验。接力器应无明显摆动。在自动调速状态下，机组相对摆动值要求为：对大型调速器不超过±0.15%额定转速，对中小型调速器不超过±0.3%额定转速。

（6）调速器空负荷扰动试验应符合下列要求：

1）扰动量一般为±8%。

2）转速最大超调量不应超过转速扰动量的30%。

3）调节次数不超过 2 次。

4）从扰动开始到不超过机组转速摆动规定值为止的调节时间，应符合设计规定要求。

5）记录压油泵自动启动的周期时间。

6）在调速器自动运行时，记录导叶接力器活塞摆动值及摆动周期。

7）空负荷扰动试验中的问题，及时进行调整处理，并报告启动运行主管。

8）在相应水头下，满出力时的相应开度初步调整，并按设计要求整定关闭时间，并经总工程师确认。

4. 首次手动启动后的停机及检查

（1）操作开度限制手轮进行手动停机，当机组转速下降至35%左右时，手动打开低压气管路阀门，使风阀加压制动，防止低速运转烧瓦事故发生，停机后解除制动风闸，并进入机组内部，现场检查制动闸下落情况。

（2）停机过程中严密监视检查各轴承温度变化，转速继电器动作、油槽油面变化，并录制转速（频率）与永磁机电压关系曲线。

（3）停机后投入接力器锁锭。

（4）停机后的检查：

1）对机组本体的各部分螺栓、螺钉、锁片及键进行检查，是否有松动现象。

2）检查转子及磁极的所有转动部分焊缝。

3）检查上下挡风板、挡风圈、导风叶是否松动或异常。

4）检查制动闸摩擦情况。

5）检查油、水、气管路情况。

6）在相应水头下，调整开度限制机构的限制开度，主令开关的空负荷开度接点。

5. 过速试验及检查

（1）机组在手动空负荷启动运行后的摆度与振动值均符合规范要求，在启动主管认可后，才做过速试验。

（2）按设计规范，整定过速保护装置的整定值，一般有105%、115%、140%三个整定值。

（3）先将转速继电器的过速保护的接点出口回路从端子上断开。

（4）以手动方式先使机组转速达到额定值，待运行正常后，逐渐分别升高转速至105%、115%、140%，同时由继电保护专业人员分别调整其相应的转速接点，最后调速 140%的过速保护接点，使其各接点在相应过速下准确动作。调好后，使机组转速回到额定转速，然后将其断开的相应接点出口保护回路在端子处正确连接好。

（5）在过速试验过程中，应监视并记录各部位的摆度和振动值，记录各轴承温度。

（6）过速试验后，全面检查转动部分情况，如转子磁轭键、磁极键、阻尼环及磁极引线、磁轭压紧螺栓等。

（7）检查发电机定子基础情况。

（8）重复上述第（4）项中的全部停机及检查项目。

6. 自动开机和自动停机试验

（1）自动开机和自动停机试验的目的是检查自动开机和自动停机回路的正确性，考核设计的自动开机和自动停机回路展开图安装接线的正确性，并处理缺陷。具有计算机监控系统的水电站，自动开机和停机过程由计算机监控系统完成。

（2）自动开机、自动停机前的必备条件（经两人检查确认）：调速器切换到自动位置；功率给定处于空负荷位置；频率给定处于额定频率位置；调速器参数在空负荷最佳位置；水力机械保护回路全部投入，并投入控制回路二次电源，自动开机和自动停机条件完全具备。

（3）自动开机全自动可在中控室进行，操作水机控制开关，送出一个开机脉冲即可全部完成自动开机过程，并随即进行各项检查：

1）自动化元件能否正确动作情况。

2）调速器动作情况。

3）发出开机脉冲升至额定转速所需时间。

（4）机组自动停机及停机后的检查项目：

1）在中控室操作自动控制开关扭向停机侧，发出停机脉冲。

2）记录发出停机脉冲到转速降至35%的制动转速时间。

3）记录自动加闸刹车到机组停止转动所需时间是否与整定时间相符。

4）检查转速继电器和全部自动化元件动作情况，并处理异常。

5）停机后，再次重复首次手动停机后的检查，特别要注意检查制动风闸是否自动落下。

7. 水轮发电机升压试验

（1）确认水轮机全部空负荷试验完成并合格。

（2）带有复励装置的发电机，应按制造厂的规程规定，对励磁调节器现场调试合格。

（3）发电机按试验规程进行的电气部分试验全部合格，如绝缘电阻及吸收比和耐压试验等。

（4）发电机保护装置全部投入，控制保护二次直流电源投入。

（5）自动开机至额定转速空负荷运行，并测发电机电压互感器二次侧残压。

（6）励磁调整装置放电压零位位置，合上励磁开关，逐渐调整励磁电流，将发电机电压升至50%额定电压值。

（7）检查发电机出口母线情况是否正常。

（8）检查机组摆度、振动情况。

（9）发电机电压互感器二次侧测量相序、相位和各相电压。

（10）检查上述情况正常，经主管同意，调整励磁电流至空负荷电流值，将发电机电压升至额定值。

（11）在专责电气试验人员主持下，做发电机空负荷特性曲线试验，最高电压按规程一般允许最高达 1.3 倍额定电压，并经总工程师确认同意。

（12）在专业电气试验人员主持下，做发电机短路特性试验。

（13）在做空负荷特性试验时，调整励磁电流大小时要缓慢进行，并检查低压继电器和过电压继电器在整定值下的动作情况，以及励磁碳刷有无火花。

（14）全部试验完成后，在 50%和 100%额定电压下做灭磁开关跳合试验，检查灭磁开关的消弧情况。

四、发电机对主变压器和高压配电装置零起升压试验和电力系统对主变压器全压冲击合闸试验

1. 试验前的检查

（1）发电机出口断路器、隔离开关及互感器、避雷器等全部电气设备的高压试验全部合格，并经总工程师确认，具备投入运行条件。

（2）主变压器、厂用变压器全部高压试验合格，油化验合格，分接开关已按电网调度要求调整，中性点接地开关按电网调度要求已投入或退出。

（3）主变压器升压侧的高压配电装置试验合格。

（4）所有保护装置已投入。

2. 水轮发电机组对主变压器及其高低压设备零起升压试验

（1）在无电压情况下，断开主变压器高压侧断路器及隔离开关。

（2）合上发电机回路断路器、隔离开关和电压互感器回路隔离开关。

（3）按正常开机程序步骤启动发电机组。

（4）励磁调整开关置零位。

（5）合上灭磁开关。

（6）调整励磁开关，分次定时将发电机升压到 25%、50%、

75%、100%额定电压，分次定期检查全部一次设备运行情况，如发现异常应立即报告，并记录处理。

（7）用相序表检查电压回路、同期回路及全部电压互感器二次侧电压的相序是否正确。

3. 电力系统对主变压器的冲击合闸试验

（1）对主变压器的全压冲击合闸试验，不允许用发电机进行，只允许由系统电源进行。

（2）断开主变压器与发电机相联的低压侧断路器及隔离开关，断开供电用户断路器及隔离开关。

（3）投入主变压器全部保护装置及控制、信号，主变压器完全处于待带电运行的要求状态，只留下高压断路器不合上。

（4）投入主变压器中性点接地开关。

（5）联系电网调度部门，由电网送电到本站高压侧母线，检查电压是否正常。

（6）合上主变压器高压侧断路器，使电力系统全压对主变压器冲击合闸，合闸后要去现场进行检查，检查主变压器无异状、异声、异味，主变压器差动及瓦斯保护有无动作情况，并监视励磁涌流大小，及时记录下来，有条件的录下示波图。如此重复合闸 5 次，间隔不小于 10min。

4. 发电机对主变压器及其全部高低压配电设备的短路升流试验

（1）重复或确认零起升压试验的各检查项目。

（2）在无电压条件下，在主变压器高压侧设可靠的三相短路点（可将短路点设在本电站母线侧）。

（3）按正常开机步骤开机，手动调整调速器，配合励磁电流调整开关，慢慢将电流增大至发电机额定电流为止。

（4）检查电流表及电流互感器情况。

（5）测量主变压器等差动保护的电流相量图等。

五、水轮发电机组并列及带负荷试验

（一）水轮发电机组空负荷并列试验

（1）检查全水电站公用同期回路，同期表、周波表、电压表接线正确，同期表切换开关在"断开"位置，全站所有断路器同期开关把手均在"断开"位置。

（2）全站现场仅留一个公用同期开关操作把手。

（3）先以手动准同期方式进行并列试验。在正式并列试验前，应先断开相应的隔离开关，进行模拟并列试验，以确定同期装置的正确性。全水电站所有同期点都要模拟一次。

（4）正式进行手动准同期并列试验。有条件时可以录制电压、频率和同期时间的示波图。

（5）手动准同期模拟合格后，再用自动准同期做模拟试验。

（6）同期并列操作应由二人进行。

（二）水轮发电机组带负荷试验

1. 水轮发电机组带负荷试验

（1）操作调速器开度限制机构慢慢增大开度，使有功负荷分段逐步增加。

（2）观察各仪表指示及机组各部位运行情况和不同负荷下尾水补气装置工作情况。

（3）观察机组在加负荷时有无振动区，记录振动区相应的水头和相应的开度值。

（4）测量摆度与振动值，必要时进行补气试验。

2. 水轮发电机带负荷下励磁调节器试验

（1）发电机有功功率分别为 0%、50%、100%额定值下，按设计要求调整励磁电流使发电机无功功率从零到额定值。注意：励磁电流不准超过额定值。

（2）在有功功率已达到额定值时，调整励磁电流，增加无功功率，在励磁电流已达额定值时，检验无功功率能否达到额定值，$\cos\varphi$ 能否达到额定值。注意调节应平稳，无跳动。

（3）在发电机有功功率分别为 25%、50%、100%额定值时，减少无功功率，观察检验机组运行的稳定性。

（4）条件具备时，可测定并计算水轮发电机的端电压调差率、调差特性等，要求具有较好的线性特性，符合设计要求。

（5）条件具备时，可测定并计算水轮发电机端电压静调差率，其值应符合设计要求。当无设计规定时，对半导体型不应大于0.2%～1%；对电磁型不应大于 1.0%～3.0%。

（6）对晶闸管励磁调节器，应分别进行各种限制器及保护的试验和鉴定。

3. 机组突变负荷试验

在其他试验全部合格条件下，使机组突然增加或突然减少负荷，变化量不应大于额定负荷的 25%，并应自动记录机组转速、蜗壳水压、尾水管压力脉动、接力器行程和功率变化过程。同时还要选择各负荷工况下的调速器的最优调节参数。

六、水轮发电机组甩负荷试验

1. 甩负荷试验应具备的条件

（1）将调速器的参数选择在空负荷确定的最佳值。

（2）再次确认或调整好调速器在相应水头下额定负荷时的最大开度位置，在此最大开度下，按设计调保计算结果，整定调速器全关时间，并经总工程师确认。

（3）调整好测量机组振动、摆度、蜗壳压力、引水管压力、机组转速（频率）和接力器行程等电量和非电的监测仪表。

（4）所有继电保护及自动装置均已投入。

（5）自动调节励磁已选择在最佳值。

（6）机组试运中发现的缺陷已确认处理好。

（7）按正常开机程序步骤开机运行。

（8）与电网调度中心已经联系好，并经确认同意。

（9）总指挥及各岗位人员已就位。

2. 机组甩负荷试验

甩负荷试验应在额定负荷的 25%、50%、75%和100%下分别进行，并记录有关数据。同时应录制各种参数变化曲线及过程线。记录格式见表 2-4。

表 2-4 水轮发电机组甩负荷试验记录表格

机组负荷(kW)	记录时间	机组转速(r/min)	导叶开度(%)	导叶关闭时间(s)	接力器活塞往返次数(次)	调速器调节时间(s)	蜗壳实际压力(MPa)	真空破坏阀开启时间(s)	吸出管真空度(mmHg)	大轴法兰处运行摆度(mm)	上导轴承处运行摆度(mm)	水导轴承处运行摆度(mm)	上、下机架振动(mm) 水平	上、下机架振动(mm) 垂直	定子振动(mm) 水平	定子振动(mm) 垂直	转速上升率(%)	水压上升率(%)	永态转差系数(%) 指示值	永态转差系数(%) 实际值	转轮叶片关闭时间(s)	转轮叶片角度(°)	转动部分上抬量(mm)
	甩前																						
	甩时																						
	甩后																						
	甩前																						
	甩时																						
	甩后																						
	甩前																						
	甩时																						
	甩后																						
	甩前																						
	甩时																						
	甩后																						

上游水位：　　　　　　　　　　　　　下游水位：

注　转速上升率=（甩负荷时最高转速-甩负荷前稳定转速）÷甩负荷前稳定转速×100%；
　　蜗壳水压上升率=（甩负荷时蜗壳最高水压-甩负荷前蜗壳水压）÷甩负荷前蜗壳水压×100%；
　　实际调差率=（甩负荷后稳定转速-甩负荷前稳定转速）÷甩负荷前稳定转速×100%。

记录整理：　　　　　　　　　　　　技术负责人：

年　月　日

当电站受运行水头和电力系统条件限制时，若机组不可能带额定负荷下甩额定负荷，则可按当时条件在尽可能大的负荷下进行甩负荷试验。

3. 自动励磁调节器的稳定性和超调量检查

当发电机甩 100%额定负荷时，按规范要求，发电机电压超调量不应大于额定电压的 15%～20%。振荡次数不超过 3～5 次，调节时间不大于 5s。

4. 水轮机调速系统调节性能检查

检查校核导叶接力器紧急关闭时间、蜗壳水压上升率和机组转速上升率等，均应符合调节保证计算的设计规定。如有不符，应经总工程师确认并处理。

5. 调速器动态品质检查

考核机组甩负荷时，调速器的动态品质应达到如下要求：

（1）甩 100%额定负荷后，在转速变化过程中超过稳态转速3%以上，波峰不应超过 2 次。

（2）机组甩 100%额定负荷后，从接力器第一次向关闭方向移动起到机组转速摆动值不超过±0.5%为止，所经总历时不应大于 40s。

（3）接力器不动时间，对于电液调速器不大于 0.4s，对于机械调速器不大于 0.5s。如有不符，应经总工程师确认并处理。

6. 转桨式水轮机甩负荷后检查

对转桨式水轮机，甩负荷后应检查调速系统的协联关系和分段关闭的正确性，观察检查突然甩负荷引起的抬机情况。

七、水轮发电机组连续带负荷试验

完成以上试验内容经验证合格后，再经总工程师核准后，按规程规定程序和步骤，将机组并入电力系统，带额定负荷连续试运行。规定连续试运行时间：新投产机组为 72h，大修机组为 24h。

若由于水库没有达到设计水位等外部特殊原因使机组不能达到额定出力，可根据具体情况确定机组应带最大负荷值。

连续试运行后，应停机检查并将蜗壳钢管的水排空，检查机组流道部分及水工建筑物排水系统情况。

连续试运行后，应及时消除暴露出来的水力机械和电气设备的缺陷。

由于机组及附属设备的制造和安装质量原因引起运行中断，经检查处理合格后重新开始连续试运行，中断前后的运行时间不得累加计算。

新投产机组 72h 试运行，并经停机处理好发现的所有缺陷后，即可开始为期一年的试生产。试生产由电站建设单位委托生产单位进行。生产期满后，方可正式移交。

❀ 第五节　水轮发电机组正常运行操作

水轮发电机组的操作主要是机组的正常启动发电操作、机组的并列操作、机组调相运行操作、机组停机备用转检修操作。凡涉及操作，必须根据值长命令，先写好操作票，经水机班长审定后，由两人进行操作，其中技术较熟练的一人作监护人。现场操作时应执行复诵制。

一、机组启动操作

（一）冷备用机组启动前的检查与操作

正常运行情况下，机组按命令处在热备用状态时，启动前一般不需要准备工作。当机组停机时间较长处在冷备用再重新启动时，启动前应做下列准备检查工作。

1. 调速器检查

调速器应处于全关位置；开度限制指示指零；转速调整指示零位，功率给定整定额定值；锁锭投入；调速器的总供油阀关闭。

2. 油压装置检查

压力油槽油位、油压、油质正常；集油箱油位、油质正常；压力继电器整定值正确，动作可靠；油泵工作平稳。

3. 制动系统检查

制动风闸落下退出制动位置；信号灯亮；制动柜（架）各阀在机组投入运行位置；低压气正常。

4. 顶转子操作

新装机组或大修机组，自投产之日算起的停机时间，第一年超过24h，一年后超过72h，规定机组启动前必须顶转子，以使润滑油进入推力轴承与镜板的摩擦面。顶转子操作按以下步骤进行：

（1）检查调速器在全关位置，锁锭投入。

（2）操作制动柜（架）上高压三通旋塞阀（或阀门），切换到顶转子位置；制动闸的排油阀在全关位置。

（3）关闭高压油泵的回油阀，打开供油阀，启动高压泵，压力油压升到规定定值。顶起转子4~6mm，保持2~3min。

（4）打开高压油泵的回油阀和制动闸的排油阀，使制动闸复归，指示灯亮，并到现场检查制动阀落下情况。

（5）检查制动闸复归情况，关闭制动闸的排油阀，将制动柜（架）上的阀门切换到正常运行位置。

（6）若是电动启动的高压油泵，应切断其电源。

5. 主阀操作

（1）开主阀前必须先手动拔出人工锁锭（机组本体检修必须落人工锁锭）。

（2）主阀开启前先开旁通阀，向蜗壳充水，直到主阀两边平压为止。

（3）平压后，若主阀为球阀，开启前必须使球阀的工作密封退出；若主阀为蝶阀，开启前必须先排空气围带中的压缩空气。

（4）主阀开启操作可在中控室或机旁进行。第一次操作必须按操作票手动进行。主阀全开，开启位置指示灯亮。

（5）进水主阀全开后，应关闭旁通阀。

（6）主阀操作也可一次全自动完成。

6. 冷却、润滑水供水操作

打开各冷却、润滑水供水总阀门；调整供水量与水压使滤水

器出口压力为 0.3MPa；各轴承冷却水 0.1～0.2MPa；水润滑的水
导轴承的润滑水水压按制造厂设计值调整；发电机空冷器水压按
当时运行要求调整。

（二）机组启动应具备条件

（1）水轮机主阀在全开位置，主阀开启位置指示灯亮。

（2）导水机构全关，开限指示指零。

（3）机组无事故，事故继电器未动作。

（4）制动闸已复归，复归指示灯亮。

（5）冷却、润滑水已投入，流量、水压正常。

（6）制动系统气压正常（0.4～0.7MPa）。

（7）开机准备工作就绪，指示灯亮。

（8）发电机回路断路在断开位置。

（9）发电机励磁的灭磁开关在断开位置，励磁电压调整在
零位。

（10）继电保护和自动控制回路确认已验收合格。

（11）电气液压调速器的平衡表指示正确。

（三）机组启动操作

1. 自动开机操作

（1）打开调速器总供油阀，拔出接力器锁锭。

（2）将调速器"手动/自动"切换手柄切换到"自动"位置。

（3）由水机值班长通知电气值班长，机组准备工作就绪，准
备开机。

（4）在中控室扭动开机控制开关机组启动，并升至额定转速，
运行人员应密切注意机组情况。水机人员要加强现场的监视检查。

2. 手动启动（机旁操作）

（1）值长通知水机班长准备手动开机。

（2）将调速器"手动/自动"切换开关手柄切换到"手动"
位置。

（3）打开启调速器供油总阀，拔出接力器锁锭。

（4）快速操作开限机构至启动开度开机，调整开度限制机构，

使机组转速达到额定转速。

二、机组同期（并列）操作

水轮发电机组在正常启动后将并入电网运行，即并列运行。并列运行的各发电机转子要以相同的电角速度旋转，转子间的相角差不超过允许的极限值，且发电机出口的折算电压要近似相等。此时，发电机在系统中的运行又称为同步运行。

发电机组在与系统并列以前，与系统中的其他发电机组是不同步的。如果要使其与系统中已运行的其他发电机组并列运行，则必须按一定的要求完成各种操作，即所谓"同期操作"，又称为"并列操作"。用于完成同期操作的装置称为同期装置。

（一）同期并列方法

同步发电机的并列方法分为准同期并列和自同期并列两种，这两种并列方法可以是手动操作的，也可以是自动操作的。

1. 自同期并列

当发电机接近额定转速时（98%），滑差角频率不超过允许值，且机组的加速度小于某一给定值的条件下，将发电机投入系统，然后立即给发电机励磁，使发电机自行拉入同步运行的方式。

自同期并列方法的优点是操作简单，不存在非同期并列的危险，在系统事故的情况下可以迅速并网；缺点是并列时待并发电机将受到一个非常大的冲击电流，并使系统电压降低。

由于冲击电流比较大，小型水电站中一般不采用这种并列方式。

2. 准同期并列

将未并入系统的发电机加上励磁，并调节其电压和频率。在满足同期条件时，将发电机并入系统。

同期条件是指发电机的电压和频率与系统的相等，发电机的相位和相序与系统的相同。在实际操作中，相序条件是由安装保证的，因此在同期操作时主要是调整待并发电机的电压与频率，同时满足以下三个同期条件：

（1）频率条件。应使待并发电机的频率接近系统的频率，一般频率差应不超过 0.2%～0.5%。

（2）电压条件。应使待并发电机的电压接近系统的电压，一般电压差应不超过 5%～10%。

（3）相角条件。在上述两个条件符合要求时，应在断路器两侧电压相角重合前，稍为提早一点给断路器发出合闸脉冲，以便在合闸瞬间相角差恰好趋于零，这时冲击电流最小。通常相角差不宜超过 10°。

准同期并列的优点是冲击电流非常小，负荷调整迅速。但要求同期装置有较高的可靠性或运行人员有较高的素质，否则存在非同期并列的可能。同时要求励磁调节装置和调速器有较好的调节性能，否则并网速度较慢。

准同期并列有自动准同期并列和手动准同期并列两种方式。手动准同期又有暗灯法、灯光旋转法、整步表法等三种常用的并列方法。暗灯法和灯光旋转法所需设备简单，但较难观察，合闸准确性较差，对操作人员要求高。比较好的手动准同期并列方法是整步表法，在小型水电站中，多数采用 PT-1 型同期屏或 MZ-10 型组合式同期表。

（二）整步表手动准同期并列

（1）合上待并发电机的隔离开关。

（2）操作调速器的开度限制机构，使待并发电机的频率与系统频率近似相等，其偏差在允许范围内。

（3）合上励磁开关，发电机励磁。

（4）调整待并发电机的励磁电流，使电压与系统电压近似相等，其偏差在允许范围内。

（5）投入待并发电机的断路器的同期开关切换至"同期"位置。

（6）将同期表计切换开关切换至"粗略同期"位置，两侧的电压表、周波表投入；同期表计切换开关切换至"精确同期"位置，整步表投入并开始旋转。

（7）监视同期继电器动作情况。当同期表指针由"慢"向

"快"方向旋转（即待并发电机频率略高于运行母线电压频率），缓慢平稳趋于红线时（指针快到红线之前），操作该发电机断路器控制开关合闸，发电机的主断路器即合闸与电网并列。

（8）将同期开关切换至"断开"位置，拔出断路器的同期切换开关把手。

（9）将同期表计切换开关切换至"断开"位置。

（10）调整有功和无功负荷。

（11）改变模拟图，并做好记录。

为了防止非同期并列，有下列情况之一者禁止合闸：

情况一：同期表指针旋转过快时不准合闸。因为此时待并发电机的频率与系统频率或两者的相位相差较大，不易掌握适当的合闸时间，往往会造成非同期合闸。

情况二：同期表跳动而不是平稳地摆动经过红线，禁止合闸。因为这可能是同步表内部机构卡住或接点松动引起表示不正确，往往会造成非同期合闸。

情况三：同期表经过红线不动时禁止合闸。

情况四：同期闭锁继电器动合触点断开。

（三）暗灯法准同期并列

暗灯法在小型低压（400V）机组中较为常见。采用 6 只 220V 灯泡，每组 2 只串联分别接在断路器两侧的同相线路上，如图 2-2 所示。由于 3 组灯泡接线完全相同，3 组灯泡在任何时候的亮度都是一致的。如果 3 组灯泡的亮度不一致，则说明接线不正确，应立即停止操作，改正接线。

只有当待并发电机电压、频率、相位与系统电压、频率、相位一致，即满足同期条件时，3 组灯才会全暗。

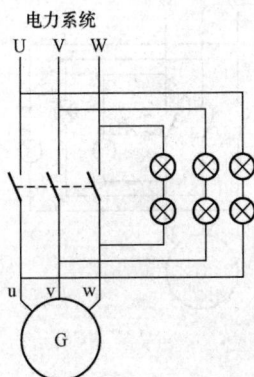

图 2-2　暗灯法并列接线图

若发电机相位与系统相位不同，3 组灯泡会一致发亮，亮度相同，发亮程度与相位差大小有关。

发电机频率与系统频率不一致时，由于相位差做周期性变化，3 组灯泡会周而复始地发生从暗到亮，再到暗的变化。频率相差越大，这种变化越快，反之越慢。只有当频率一致时，灯泡亮度才不会发生变化。

综合以上分析，可得出 3 组灯泡处于全暗时刻是发电机与系统并列的最理想时机。

采用暗灯法进行同期操作的步骤如下：

（1）合上隔离开关。

（2）调整待并机组的频率、电压与系统的频率、电压尽量一致。

（3）投入同步指示灯。

（4）当同步指示灯全暗时迅速合上断路器。

（5）退出同步指示灯。

（6）改变模拟图，并做好记录。

（四）旋转灯光法准同期并列

旋转灯光法准同期并列的接线如图 2-3 所示。

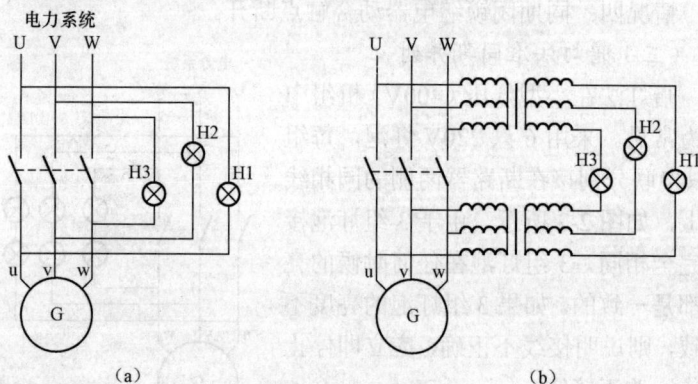

图 2-3   灯光旋转法并列接线图

（a）低压绕组；（b）高压机组

当发电机电压、频率、相位与系统一致时，H1 熄灭，H2 与

H3 亮度相同。

当发电机频率高于系统频率时，灯泡亮暗会旋转变化，旋转顺序为 H1、H2、H3；反之灯泡亮暗变化顺序为 H1、H3、H2。

采用旋转灯光法进行同期操作的步骤如下：

（1）合上隔离开关。

（2）调整待并机组的频率、电压与系统的频率、电压尽量一致（最好使发电机频率比系统频率略高点）。

（3）投入同步指示灯。

（4）观察3只灯泡旋转时有无熄灭现象，若无则说明发电机电压与系统电压不相等，调整励磁，使发电机电压与系统电压一致。

（5）观察 3 只灯泡的旋转顺序应为 H1、H2、H3。

（6）当旋转速度缓慢，且 H1 熄灭，H2 和 H3 亮度相同时，迅速合上断路器。

（7）退出同步指示灯。

（8）改变模拟图，并做好记录。

使用暗灯法和灯光旋转法同期并列时，在下列情况下禁止合闸：①某只灯泡损坏；②灯光旋转太快或明暗交替太快（说明频率差较大）；③灯光旋转不规则。

三、水轮发电机增（减）负荷操作

当水轮发电机组并入电网带负荷后，调整有功功率和无功功率到额定值或电网调度指定值，操作方法如下：

（1）操作开度限制机构，使红针到比预定的与水头相适应的额定出力略大的限制开度。

（2）增加有功率。操作调速器的转速调整机构黑针，使其增大指示，使导水机构实际开度增大，调整机组有功功率到额定值。

（3）增加无功功率。用增加励磁的方法调整无功功率到额定值，并监视励磁电流不允许超限。

减少有功功率与无功功率的操作与上述相反，机组在运行中可根据电网调度命令，用上述相同的方法进行功率调整。

四、发电机转调相和调相转发电操作

发电机改作调相机运行，实质上就是作为一台空负荷的同步电动机并在电网上运行，这台同步电动机又叫同步补偿机，这种运行方式下发电机不发有功只发无功，不需要外部的水能。只需要调整励磁电流，就可以向电网输送无功电能。

1. 发电机转调相操作及动作过程

（1）将调相专用控制开关扭向"调相"位置；

（2）先卸去发电机组有功负荷，然后关闭机组导水叶；

（3）接通调相压气回路，补低压气压下转轮室内的尾水，监视空压机启动情况，使转轮在空气中旋转后，应自动停止补气。

（4）检查监视调相运行情况。

2. 调相转发电操作及动作过程

（1）将调相专用控制开关扭向"发电"位置。

（2）调速器开度限制机构使导水叶开度打开，即带上有功负荷。

（3）调相启动压水的水位信号器停止工作，压缩空气停止进入转轮室，转轮由水冲动。

（4）检查发电机正常运行情况。

3. 调相转停机操作

如果在调相运行中需要停机，只需直接将开停机的控制开关扭向"停机"位置即可自动关闭导叶，跳发电机断路器和跳励磁开关停机。

4. 停机转调相操作

（1）首先按发电机启动机组并网运行。

（2）再按发电机转调相程序操作，将发电机转为调相机运行即可。

五、水轮发电机组停机操作

1. 解列操作

（1）由值长发出停机令。

（2）用转速调整机构调整实际开度指示黑针到空负荷开度。

（3）调节发电机的励磁，卸去全部无功功率。

（4）把开度限制机构指针红针调整到空负荷开度。

（5）断开发电机出口的主断路器，使水轮发电机组与电网解列，并跳开励磁开关。

2. 停机操作

（1）操作励磁调节手柄，将发电机电压减至零。

（2）确认励磁开关已跳开。

（3）操作开度限制机构，实际开度指示黑针到零位，导水叶全关。

（4）机组转速逐步降低，当降低到额定转速35%左右，自动或手动投入制动闸，至机组停止运行。

（5）投入调速器接力器锁锭。

（6）关闭调速器的供油总阀。

（7）复归制动闸，指示灯亮，并去现场检查制动闸是否全部落下。

（8）关闭机组冷却水总供水阀。

（9）全面检查机组情况。

（10）若较长时间停机，或导水叶漏水严重，可在当班值长同意下，将水轮机导叶前的主阀关闭。

六、水轮发电机组由备用转检修操作

1. 电气方面的操作

（1）检查发电机出口断路器已断开，在相关把手上悬挂"禁止合闸"、"禁止操作"类标示牌，并取下其操作熔断器。

（2）检查发电机出口隔离开关已断开，在操作把手上悬挂"禁止合闸"标示牌。

（3）断开灭磁开关，取下其操作熔断器。

（4）检查发电机出口断路器进线侧无电压。

（5）在发电机出线侧装设接地线。

（6）断开各电压互感器隔离开关并加锁，取下其高低压侧熔断器。切除控制盘操作电源。

2. 水力机械方面的操作

（1）落下上游检修闸门，切除其动力电源和操作电源，取下熔断器，悬挂"禁止操作"标示牌。

（2）关闭机组总进水阀，悬挂"禁止操作"标示牌。

（3）落下接力器锁锭，关闭压油槽出油阀，悬挂"禁止操作"标示牌。

（4）切除压油装置油泵电源，悬挂"禁止操作"标示牌。

（5）关闭压油装置油泵的出油阀，悬挂"禁止操作"标示牌。

（6）启动钢管排水阀，悬挂"禁止操作"标示牌。

（7）落下尾水闸门，切除其动力电源和操作电源，悬挂"禁止操作"标示牌。

（8）启动尾水管排水阀，悬挂"禁止操作"标示牌。

🕯 第六节　水轮发电机组不正常运行与事故处理

水轮发电机组在发电运行中由于本身及外部原因，会出现异常现象与故障。这些异常会通过仪表或保护装置反映出来，如继电器掉牌、发出音响和光字牌信号或计算机监控系统的语音提示。此时值班人员要根据运行规程规定，根据语音和光字牌提示的故障及事故性质认真思考，在值长统一指挥下，迅速而有条不紊地处理，并避免故障扩大，造成严重后果。

机组发生事故时，通过机组自身的保护装置自动停机，但是运行人员不能因此而放松警惕，要防备保护装置失灵。如发现事故苗头，危及机组安全，应按运行规程规定及时停机。对于不能装设保护装置的故障或事故，如突发金属撞击声、发电机振荡等，应报告值长并酌情果断处理。

一、发电机运行故障及事故处理

1. 发电机过负荷

故障现象是发电机定子电流超过额定值。机组一般不允许过负荷运行，但在系统发生事故时，短时间过负荷是允许的。过负荷值和允许时间按制造厂规定。若制造厂未作规定,对空气冷却的发电机可按表 2-2 执行。

当发电机定子电流超过额定值,应先检查有功功率和无功功率及电压,注意电流超过允许值所经历的时间,一般先采取降低励磁电流的办法,在不使电压过低和无功功率过小的情况下,尽可能地减少定子电流。若此法不奏效,则再降低发电机的有功功率,或在告知电网调度的情况下,切除一部分负荷,使定子电流降低到允许值。

2. 发电机振荡

当电力系统发生特大严重短路事故时,电网稳定性可能被破坏,机组产生剧烈的振荡,其现象如下:

(1)定子电流表指针剧烈摆动,并超过正常允许值。

(2)定子电压表指针剧烈振荡,电压往往会下降。

(3)有功功率表指针在全盘范围内摆动。

(4)转子励磁电流表在正常值附近摆动。

(5)频率和发电机转速忽大忽小,发电机发出"嗡嗡"叫声。

机组发生振荡时,电气值班人员应采取以下措施:

(1)立即报告值长,并向电网调度员汇报。

(2)对无自动调整励磁装置的发电机,在励磁电流不超过额定值的前提下,应尽快手动增加励磁电流,使机组进入同步。

(3)对投入了自动励磁装置的发电机,应监视励磁电流的变化,并减小水轮机开度,降低发电机的有功负荷,使机组恢复同步。

(4)在采用上述措施仍不能恢复时,立即报告电网调度员,将机组迅速解列。

3. 发电机非同期并列

发电机在同期并列过程中,合上断路器后,如果发生发电机定子电流突然升高,发电机电压大幅下降,发电机内发出啸叫声,定子电流表剧烈摆动后慢慢恢复正常,发电机强励动作,光字牌亮,信号继电器掉牌等现象。根据上述现象,即可判断发电机为非同期并列。

此时，运行人员应在值长同意下，立即跳开发电机出口的断路器，迅速停机。然后用2500V绝缘电阻表测定定子绝缘，并检查发电机定子的上、下端部有无变形。经检查确定发电机未受损伤后，方可再开机并网运行。

4. 发电机失去励磁

发电机失去励磁的现象是励磁电流表指针指零位，有功功率表指示低于正常值，定子电流表指示升高，功率因数表进相，无功功率表反偏，发电机从电力系统吸取无功功率。

在失励时，应先检查励磁开关是否跳闸，如果没有跳闸，应在调节励磁无效的情况下，将发电机解列，以免故障扩大。停机后，会同电气试验专责人员对励磁回路进行全面测试检查，并由专责人员处理好。

5. 发电机差动保护动作

差动保护是发电机的主保护，差动保护动作一般是发电机内部故障所致，包括保护区内的母线、电缆和互感器，运行人员必须高度注意。

差动保护动作现象是差动保护动作信号继电器掉牌，事故喇叭响，"发电机事故"光字牌亮，差动继电器掉牌，机组自动跳出口断路器解列、停机。

若电站采用微机保护装置和计算机监控系统，则上位机会发出语音报警，弹出SOE信息，进入相应模块检查，可见相关光字牌亮，同时微机保护装置上的报警灯亮，显示器显示相应保护名称。（后面同此，不再复述。）

差动保护动作停机后，应对发电机重点进行检查，首先用2500V绝缘电阻表测量发电机对地绝缘及相间绝缘，检查其绝缘是否击穿，内部有无冒烟着火痕迹等现象。然后对保护区内的电流互感器、电压互感器、母线电缆进行详细检查，如测量绝缘、检查是否短路等。

若上述检查情况正常，则应检查差动保护的整定值是否正确，或者是否为保护误动情况。在未查明差动保护动作原因之前，不允许随意判为误动，强行开机并网发电。而如果做出保护误动结论，也必须查明误动原因，并报技术主管确认。

6. 发电机着火

发电机着火时，出风口处会冒出明显的烟气与火星，或有绝缘烧焦的气味，经值长确认同意后，值班人员应立即采取下列紧急措施：

（1）水机值班人员应立即操作开度限制把手将有功功率减至零值，并操作紧急停机按钮，将发电机组与系统解列灭磁。

（2）确认发电机灭磁开关 Q_{fd} 跳闸，已灭磁失压，再迅速打开发电机消火水管，值班人员按安全规程规定，用四氯化碳和1211 等灭火器灭火。禁止用泡沫灭火剂和消防沙灭火。

（3）待灭火降温后根据事故发生的现象和部位仔细检查，必要时由检修专责人员解体检查，查明原因，加以处理。

7. 发电机断路器跳闸

发电机断路器跳闸，一般是发电机主保护动作引起，现象是断路器跳闸指示绿灯亮红灯灭，或有音响信号。发电机有功、无功功率表指零。油断路器跳闸原因很多，大致有以下几种：

（1）发电机内部故障，如定子绕组短路，差动保护等主保护装置动作。

（2）发电机外部故障，线路或母线短路，线路雷击等引起短路的过电流，引起发电机后备保护延时动作跳闸。

（3）水力机械事故，如水轮机轴瓦温度达到事故温度等。

（4）继电保护本身缺陷误动作。

（5）运行人员误操作引起跳闸。

当发电机自动跳闸时，运行人员应做好下列工作：检查灭磁开关是否跳开，如没有跳开，应立即将其断开，磁场变阻器放到最大位置；查明跳闸原因，报告技术主管，根据实际情况分别进行处理。

8. 发电机定子温度升高异常

发电机定子温度可用定子温度检测装置进行定期检测。对 B

级绝缘，一般情况下，在80℃左右，最高105℃，如突然出现异常升高应做好记录，报告值长，组织分析原因，及时处理。定子温度升高原因可能有电流过大、冷却风温度过高等多种原因。

9. 发电机定子回路单相接地故障

发电机同一电压级网络回路任一点单相接地都会发生单相接地故障讯号，一般允许带故障运行，但不得超过2h。运行人员首先用切换电压表检查，确定接地相，然后按顺序先拉开连接在发电机电压网络回路上的不重要回路，直到单相接地讯号消失为止，即可确认接地回路。如果最后只剩下发电机本身这一条回路，故障讯号还存在，方能确认单相接地发生在发电机回路，再做拉路试验，最后确认在发电机本身内部，通知专责人员停机检查。

二、水轮机运行故障及事故处理

1. 水轮机空蚀和振动

水轮机在运行中发生了空蚀时，尾水管噪声增大，机组振动，摆度加大。基本原因是水轮机在不稳定区间运行引起。运行人员应调整导水叶开度，避开水轮机振动区运行。

2. 水轮机出力不足

水轮机出力不足，是指水轮机出力达不到在该设计运行水头下相应的保证功率。造成水轮机出力不足原因很多，下面只说明一下管理和运行方面的因素。运行中机组出力明显下降原因有以下几个方面：

（1）小型机组出力不足，常见原因是通水流道堵塞。故障点有：

1）进水口拦污栅有杂物堵塞，阻力增大使拦污栅前后水位差增加、过水量减少，从而使机组水头与流量减少，机组出力不足。

2）转轮叶片过水流道堵塞。小型混流式水轮机转轮流道狭窄、扭曲，运行中因拦污栅栅条间距过大，或隧洞、引水道中碎石、杂物等落入并堵塞转轮流道，使水轮机出力减少。

（2）低水头轴流式水轮机，因尾水管补气不当，或尾水管淹没深度不够，使尾水真空破坏，引起水轮机出力不足。低水头轴流式水轮机尾水管回收能量，占水轮机总利用能量的比例可达 30%～50%。低水头轴流式机组因补气不当，而造成机组出力下降。

（3）止漏环间隙过小或其他原因，使转轮与固定部件擦亮。

3. 机组过速

机组过速原因是机组甩负荷，调速器失灵；或者关闭时间整定值过大，使机组转速大于过速继电器整定值（一般为额定转速的 140%），机组紧急停机，同时主阀自动关闭。

处理方法是：运行人员应密切监视机组停机过程情况和主阀关闭情况。停机后要全面检查机组，并做好记录，由专责人员检查调速器和过速保护整定值。确认完好后，值班长下令方可再次启动。

注意事项：当调速器失灵引起机组过速，又遇到保护控制回路故障时，机组不能自动停机，这时运行人员应迅速按紧急停机按钮或手动操作调速器的紧急停机阀，使导水机构关闭。若无效，则应迅速关闭主阀。

4. 剪断销剪断

剪断销剪断的现象有：①剪断销信号装置发信号，"水力机械故障"信号光字牌亮；②主副导叶臂分离或拐臂与连杆分离；③因水力不平衡使机组振动，摆度、噪音增大。

造成剪断销剪断的原因是：导水机构在动作过程中，个别导叶被异物卡住或其他原因使导叶不能转动时，该导叶的剪断销被剪断，其他导叶依然转动，以此保护导水轮机构安全。防范的措施有以下几点：

（1）提高上游进口拦污栅质量，并保持完好率，防止过大漂浮物进入引水室后进入导叶。

（2）提高导水机构质量，导叶应灵活，无别劲。

（3）采用尼龙轴承时应先浸水后加工，防止因间隙过小，尼龙套浸水膨胀后抱死轴颈，使导叶转动不灵活。

处理方法：立即通知有关检修专责人员。将调速器切到手动

67

位置，调整导叶开度（负荷）以适应修理需要，便于在不停机条件下更换剪断销并查明原因，对个别导叶被异物卡住时需要做特别处理。若在运行中无法处理，应及早停机，关闭主阀后，再更换导叶剪断销。

5. 主轴密封不好严重漏水

水轮机主轴密封常见故障是未密封好严重漏水，威胁水导轴承安全运行。密封种类很多，因结构的不同有不同的故障点和不同的处理方法。下面只介绍最常用的石棉盘根密封和液压端面密封的处理方法。

（1）石棉盘根密封：

这种密封方式的漏水原因，一般为盘根压紧量不够。处理方法是均匀、对称地适当调整压环压紧螺栓的紧度，减少漏水量。若盘根严重磨损或盘根破损，则必须对盘根进行更换。

（2）液压端面密封：

该密封的工作原理是依靠水压（0.05～0.1MPa）使橡胶 U 形密封环端面紧贴转环进行密封。密封失效原因有以下几点：

1）U 形密封环起始位置不到位，使密封端面与转环间隙过大，超过标准，以致使注入的压力水通过 U 形密封环的润滑水孔，在此间隙中泄漏，不能使密封紧贴转环，致使密封不到位，引起漏水严重。

2）密封配合间隙不当使密封卡死。密封在水压力作用下，压力水向密封内外圆柱配合面渗透，外圆柱面承压面积大于内圆柱面，所以密封有一个抱紧力。安装时要求内圈与密封座的间隙大于外圈间隙，若配合间隙不当，或 U 形密封环的刚度太差，渗透水压的作用使 U 形密封卡死，而造成严重漏水。

3）U 形密封或转环过度磨损而使密封失效。

6. 水轮机抬机事故

水轮机在甩负荷时，尾水管出现过度真空，形成尾水反击或水轮机进入水泵工况，会产生上升力。当向上作用力大于机组转动部分重量时，其多出的外力使机组上抬，这种现象称为抬机。

抬机在低水头的有长尾水管的轴流式水轮机中较为容易出现。

抬机高度往往受转轮与顶盖之间的轴向间隙限制。抬机严重时会导致转轮叶片的断裂，顶盖损坏，推力轴承损坏，风扇断裂而引起发电机烧损的重大恶性事故。

防止发生抬机事故的措施有以下两点：

（1）经过调节保证计算，在甩负荷后，机组转速升高率 β 不超过规定值的条件下，可适当延长导水叶关闭时间，或采用导水叶分段关闭措施。

（2）装真空破坏阀。要求容量足够大，动作正确、灵活。在机组甩负荷尾水管出现真空时，补入大量空气，利用空气弹性来减弱尾水反击力和上抬力。

7. 水导轴承润滑水中断事故

故障现象有示流器动作、事故停机、事故音响喇叭叫、事故信号光字牌亮。运行值班人员应立即通知专责人员，迅速检查示流讯号器、水压，并检查是否烧瓦，及时处理。

三、机组轴承故障及事故处理

（一）轴承油位

轴承油位保持正常值是保证轴承安全正常运行的重要条件之一。轴承油槽上的油位计应标出清晰可见的标准油位线。立轴机组在运行中因离心力作用，油位会略有升高，但也有一个稳定的油位，油位允许偏差±10mm。机组运行中运行油位超出允许范围，将会出现轴承故障或事故，危及机组安全运行。

1. 轴承油位过低

轴承油位过低使轴承润滑油不足，引起轴承过热，是运行中轴承烧瓦的主要原因之一，应引起运行人员注意。通常在轴承上装有低油位浮子继电器保护。当油位过低时，继电器动作，"水力机械故障"光字牌亮，警铃响，应通知油务专责人员加油。

2. 轴承油位过高

油位过高将引起轴承甩油，污染环境和发电机绕组。运行机组油位过高的主要原因是冷却器漏水流入轴承油中，漏水使汽轮机油乳化，呈乳白色。经值长现场确认后，申请停机检查，先化验油中含水情况，并通知检修专责人员来现场修理冷却器。

（二）机组运行中冷却水中断

冷却水中断示流继电器动作，"水力机械故障"光字牌亮，故障电铃响告警。检查时，冷却器进口处压力表指示为零。冷却水中断原因有误操作、阀门故障、取水口或滤水器堵塞等。采用水泵供水的机组水泵故障也会引起冷却水中断。

冷却水中断后应立即查明原因，及时消除故障，机组方可继续运行。

（三）轴承温度不正常升高

机组启动后，温度上升速度有一定规律。正常运行机组轴承温度随着室温升降，其变化遵循一定规律。轴承温度在较短时间内上升过快，但其值还未超过警界温度，此时应首先检查油位、油色和冷却水的水压与流量有无异常，做好记录，并及时报告值长。轴承温度不正常上升，往往是烧瓦的先兆，运行人员应予特别注意，查明原因，研究是否需停机检查。轴承解体后能发现轴瓦局部高温痕迹。

（四）轴承故障温度

轴瓦达到故障温度（60℃）时，信号继电器动作，"水力机械故障"光字牌亮，警铃响。

运行人员应立即检查轴承冷却系统工作情况，水压和流量是否正常。为维持运行，可临时采取增大冷却水量和提高水压的方法。若温度继续升高，应立即申请停机，查明原因进行处理。

（五）轴承事故温度

轴瓦温度达 70℃，事故继电器动作，"水力机械事故"光字牌亮，警笛响。调速器自动关闭，机组紧急自动停机。

运行人员监视自动停机过程，若自动系统失灵或未投入，则采用手动停机操作，并做好记录，立即向上报告，并会同检修专责人员分析，作出正确结论，查出事故原因，并检修处理好。

🔹 第七节　水轮发电机组维护与检修

水电站的设备正常维护与检修是提高设备健康水平，保证水电站满发、多发、安全、经济运行的重要措施。根据电力工业特点，要掌握设备运行规律，做好设备的日常维护，坚持以预防为主的计划检修和"质量第一"的检修方针。切实做到应修必修，修必修好，使全厂设备经常处于良好状态。

一、水轮发电机组运行维护

水轮发电机组的日常维护包括正常运行时的定时记录和巡回检查、日常清扫、用油管理和停机保养等几个方面的内容。

1. 定时记录和巡回检查

（1）定时记录水轮发电机组的各运行参数，所有运行参数应在规程规定的允许范围之内。

（2）检查一次回路、二次回路各连接处的接触情况有无发热、变色，电压、电流互感器有无异常声响，油断路器的油位、油色是否正常，有无漏油现象。

（3）水轮机、发电机有无不正常的声音，运行中的正常声音是均匀的"嗡嗡"声，若有不正常声音，则应查明原因予以排除。

（4）检查发电机有无异常气味（如焦臭味），振动、摆度是否过大。

（5）检查发电机本体以及轴承温度是否有过热或局部过热现象，对未设测温装置的发电机（包括轴承）可用手背接触，如感觉不烫手，一般应认为是正常的。

（6）检查各部位电刷，只允许有少量的火花运行，如超过一定范围应按电刷冒火故障进行。

（7）主轴及导叶套无严重漏水，剪断销正常无破损。

（8）油、水、气系统无漏油、漏水、漏气及阻塞等现象。各轴承油位、油色、温度正常。

2. 日常清扫

根据水电站的机组运行情况，定期进行清扫，保持设备清洁，做到四周无杂物、无积水。

3. 用油管理

在小型水电站中，用油问题比较突出。一是反映在对设备用油状态的管理和失察上，如设备用油乳化严重，甚至由于管理不善而混入大量水分和杂质；二是出现未知油质状况、见油就用的情况，有的甚至把机械油与绝缘油混合使用，致使润滑不良，机件损坏。为了不发生用油混乱现象，机械油与绝缘油应分别保管，做上记号，专人负责。

水电站润滑油的选用：对于滚动轴承，一般选用 2 号或 3 号钠基润滑脂和钙钠基润滑脂，每运行 2500～3000h，应清洗轴承，更换新油。加油脂时，应注意加油量以轴承腔容积的 2/3 为宜，不同规格的润滑脂不能混合使用，以免油脂变质。对于滑动轴承，一般选用 22 号、30 号、32 号、40 号机械润滑油。用油时间长短，根据运行情况而定，最长不得超过 1 年。

4. 停机保养

关闭进水闸门，放空压力水管积水；关闭闸阀或蝶阀，放空蜗壳积水，特别是在严冬季节，以防止结冰破坏压力水管、蜗壳；清理尾水室，保持清洁。

全面清理机组的油垢、污物，如水轮机室（或蜗壳）的泥沙、锈蚀，轴承和轴瓦的油垢等。

所有润滑部分，用经清洗后的油杯添加新油脂，润滑油系统的油管经清洗修整后应加油。

处理主轴、导叶拐臂的严重漏水情况及检查导叶剪断销的使用情况。

飞轮及机组联轴器或间接传动皮带等，应清除污垢、擦净表面并卸下皮带，进行保养。

二、水轮发电机组检修

水轮发电机组的检修通常分为定期检查、小修、大修和扩大检修四类。

（一）定期检查

定期检查在机组不停役的情况下每周进行一次，工期 0.5 天，以便及时掌握机组的状况，了解设备存在的缺陷与异常情况，为检修工作积累必要的资料。检查项目有以下几项：

1. 机组外观检查

应无大的振动，无异常声响。

2. 轴承检查

对于滑动轴承，应润滑良好，要求油质、油色、油位、油温正常，无异常声响；对于滚动轴承，应润滑良好，无异常声响，无振动及其他异常现象；无漏油、甩油现象，冷却器畅通。

3. 机组摆度检查

机组各部位的摆度应符合规定。

4. 油、气、水系统检查

各接头严密无渗漏，阀门动作灵活，关闭严密，盘根止漏良好，各管道畅通，压力正常。

5. 导水机构检查

要求连接销无上升，连接背帽无松动，剪断销无错位、松动、上升，接力器无漏油和无抽动等现象。

6. 制动闸检查

制动闸外观无异状，无漏油现象。

7. 发电机冷却系统检查

各阀门位置正确，无漏水情况。

8. 表计检查

表计指示正确，无卡塞或异常跳动现象。

（二）小修

小修是在停机的情况下，根据运行中掌握的设备缺陷情况，在不拆卸整个机组及较复杂部件的条件下，有目的地处理某些缺陷或重点地检修某些重要部位。同时对设备进行全面清扫检查，为设备安全运行提供保障，为设备大修提供依据。小修一般每年2～3次，工期2～7天。一般情况下，为保证在汛期来水量充沛时能满发多发，在汛期来临之前，应安排一次小修。在汛期大发电后，为及时发现设备缺陷，使设备的缺陷能得到及时处理，在汛期结束后，也应安排一次小修。

小修的主要项目及要求如下：

（1）轴承检查及更换润滑油：检修要求与定期检查要求相同。

（2）油、气、水系统：油、气、水系统及过滤器解体清扫，个别泵、阀门解体检查。要求过滤器清洁、无破损，阀门动作灵活，无渗漏；管道与阀门外表清洁。

（3）导水机构及控制机构：对导水机构及控制部分进行全面检查，对漏水、漏油问题进行处理。要求连接销无上升现象，连接背帽无松动，剪断销无错位、松动、上升，接力器无漏油、无抽动，推拉杆背帽不松动。

（4）主轴密封装置的检查、处理：密封装置良好，无严重的漏水现象。

（5）风闸检查与动作试验：检查制动闸外观，无异状，无漏油；风闸动作灵活。

（6）发电机转子：螺栓紧固，磁轭无松动下沉现象。风扇无松动变形，销钉完整无缺。

（7）定子与机架：销钉完整，无松动，灭火水管无松动。

（8）发电机盖板与挡风板：螺钉紧固，焊缝无裂纹，钢板无裂缝。

（9）发电机冷却系统：各阀门位置正确，无漏水情况。

（10）发电机冷却系统：各阀门位置正确，无漏水情况。

（11）表计检查校验：要求指示正确，对指示不正确的应进行更换，装后应无渗漏。

（12）水轮机室、发电机转子、盖板与空气冷却器的清扫。

（13）其他：对运行过程中发现的缺陷应进行处理，并按相应技术要求和质量标准进行验收。

（三）大修

水轮发电机组的大修周期主要取决于水轮机的空蚀情况，检修周期 3～5 年，工期 20～30 天。由于各电站机组的安装质量、运行管理水平、日常维护及运行小时数不相同，因此，机组的大修周期应根据水电站的实际情况而定。对机组的大修工作，应制订详细的计划，事先落实材料、物资，组织检修队伍，安排在枯水期进行大修。在大修过程中，应根据运行中发现的设备缺陷，特别是关键性的缺陷，彻底进行维修。

大修的主要项目及要求如下：

1. 水轮机转轮检修

水轮机各部最容易损坏的是水轮机的转轮，对转轮的检修主要包括裂纹检查与处理、空蚀检查及补焊等，具体内容及要求如下：

（1）止漏环测圆及处理：测量误差不超过 0.05mm，不圆度不超过止漏环设计间隙的 ±（10%～15%）。

（2）裂纹检查及处理：正确测量裂纹部位及尺寸，铲除全部裂纹后进行堆焊，并经探伤合格。

（3）空蚀检查及处理：正确测定空蚀部位与面积，对空蚀表面处理（如清除焊补处表面的水分、油垢、锈斑等脏物）后进行补焊，补焊后应无夹渣、气孔和裂纹。补焊后应按照原来的叶型磨平，即要求补焊后无明显变形，磨后叶型基本保持原型。

（4）叶片开口度检查及处理：开口度的测量误差不超过 0.5mm，相邻叶片开口偏差小于 ±5%，平均开口偏差小于 ±3%。

2. 导水机构检修

导水机构检修的主要内容和要求如下：

（1）压紧行程测定及调整：压紧行程在规定值范围。

（2）导水叶间隙测量及调整：端面间隙及立面间隙均在规定值范围内。

（3）导水叶汽蚀破坏检查及处理：堆焊面无夹渣、气孔及裂纹，磨后应保持立面间隙、端面间隙及开口度合格。

（4）剪断销（或破断螺丝）检查：无松动，不破坏。

（5）止推装置检查：无严重锈蚀，润滑良好。

（6）导水叶上下轴承检查及处理：间隙合格，转动灵活。

（7）导水叶开度测量及调整：在各种规定开度下，如从 0%、10%、20%、…、100%递增，反过来递减，在 50%、100%两种情况下测全部导水叶开度。25%、75%情况下抽测互成 90°的两个导水叶开度，4 对导水叶其开度最大偏差不大于±3%。

（8）导水叶各部轴承注油。

（9）接力器分解检查：盘根良好，不漏油。活塞与活塞缸无严重磨损，接力器不水平度不超过 0.02mm/m。各接头不漏油。

（10）控制环跳动检查。主要检查接力器与基础安装水平和接力器与控制环连接水平，垂直度要求根据机组类型及转轮直径确定。

3. 轴承大修

轴承大修时，要打开轴承箱盖，取出轴瓦（或滚动轴承），进行间隙和接触面的检查。当间隙超过允许值或接触面不均时，应进行修理或更换。对一般小型水轮机中采用的滚动轴承，发生轴承壳磨损的情况比较多。由于轴承壳磨损，使轴承外圆走动，轴温升高，机组振动加剧。如发现轴承走外圆，则应在轴承座端盖内圈加垫，利用端盖将轴承外圈压死。如轴承内圈与轴松动、轴已磨损，则应处理大轴。如间隙过大，轴承磨损，则应更换同型号的新轴承。

滑动轴承检修的主要内容和要求如下：

（1）轴瓦研刮：导轴承径向瓦的巴氏合金和推力瓦的巴氏合金，运行磨损以后可以重新研刮，但是当推力面间隙超过 2mm，径向间隙超过 0.5mm 时，不能重新研刮，应更换新的轴瓦。更换时必须重新研刮接触面，调整间隙。

对研刮的要求为：研刮挑花，前后两次刀花应相互垂直。进油边的研刮应按图纸进行。推力瓦要求 2～3 点/cm^2 的接触点。分块导轴瓦为 2 点/cm^2 接触点，每处不接触面积不大于瓦总面积的 2%，其和不超过总面积的 8%。

（2）推力轴承高程及水平：高程应符合转子安装高程，水平应在 0.02mm/m 以内。

（3）推力瓦受力调整：支柱式推力瓦抗重螺栓最后拧紧时应用力均匀，位移一致。

（4）导轴承间隙调整：轴承的总间隙符合图纸要求。分块式轴瓦单侧间隙，按摆度和轴线实际位置确定，调整后误差不得超过 ±0.01mm，筒式瓦间隙的误差允许在分配间隙的 ±20% 范围内。分块式下部托板与轴瓦应无间隙，上部连接片保持在 0.05mm 左右间隙。

（5）冷却器分解检查：无堵塞，耐压符合要求，无渗漏。

（6）管路及附近分解检查：管路畅通，接头不漏，过滤器清洁，各阀门动作灵活不渗漏。

（7）轴承绝缘检查：推力油槽充油后，推力轴承绝缘值不得小于 0.5MΩ（用 1000V 绝缘电阻表测量），有绝缘垫的导轴瓦要求 5MΩ 以上。

卧式机组靠励磁机侧轴承对地绝缘电阻不小于 0.5MΩ。

4．主轴密封装置检修

要求灵活，允许有少量漏水。

5．发电机转子检修

发电机转子检查主要项目如下：

（1）转子圆度：各半径和平均半径的差值，不得超过设计空气间隙的 ±5%。

（2）磁极铁芯中心高程：允许误差不大于 ±2mm（水斗式机组应为 ±1mm）。

（3）推力瓦受力调整：支柱式推力瓦抗重螺栓最后拧紧时应用力均匀，位移一致。

（4）转子对定子相对位置高差：磁极低于定子铁芯中心的平均高差，其值应在铁芯有效长度 0.4% 以内。

必要时应进行动平衡试验。

6．风闸分解与检查

分解检查各零件有无损坏，皮碗盘根变质的应更换；根据厂家标准进行风闸及管路耐压试验，如无厂家标准，可按顶转子最大油压的 1.25 倍耐压试验 10min；风闸顶起或落下时动作灵活，无卡滞现象。

7. 油槽及冷却器清洗与试验

空气冷却器和油冷却器清洗干净，管道无堵塞。按工作压力的 1.25 倍进行通水试验，历时 10min 应无渗漏。

各油槽清洗干净，并刷上油漆。

8. 表计校验

对相关表计进行校验，要求指示正确，精度符合要求。

9. 发电机空气间隙

在发电机转子回装时，应注意监测发电机定转子间的空气间隙。要求各实测点间隙与实际平均间隙差值小于 ±10%。

10. 主轴拆装与轴线调整

主轴拆装与轴线调整的要求如下：

（1）主轴拆装：连轴螺栓及螺孔清洁无毛刺，上下法兰面平整无毛刺，螺栓伸长度符合要求。

（2）校核主轴水平度和垂直度：卧式水轮机的主轴，一般很少发生弯曲的情况。但由于长期运行，因机组振动引起轴承座下沉位移，而使主轴失去原来的水平度、垂直度，致使轴温升高。大修时，要用框形水平仪检查其水平度、垂直度，如轴承下沉可在轴承座下垫薄紫铜皮来调整，如轴承位移，设法将其校正。

（3）盘车测量轴线摆度：对立式机组，则通过盘车测量主轴弯曲程度和垂直度。盘车时要求测量准确，记录无误，计算正确。

（4）轴线处理和调整：若盘车时测得的主轴弯曲程度和垂直度不符合要求，可通过修刮推力头的绝缘垫或主轴法兰进行调整，修刮时位置和深度应正确，接触面大于 70%，加垫位置正确。

调整后，各部摆度值应符合要求。

11. 过水部件检查

在大修时，应对压力钢管、蜗壳和尾水管等过水部件进行检查和相应的修理：

（1）检查压力管道焊缝无裂纹，钢板无严重锈蚀。

（2）检查尾水管修补后无明显变形，焊缝无夹渣、气泡和裂纹。

（3）检查各排水阀操作灵活，接头处及盘根不漏水。

（4）检查钢管伸缩节压紧螺栓不缺不损坏，盘根完整良好，无渗漏。

（5）检查蜗壳放气阀门操作灵活，接头处及盘根不漏水。

（6）尾水管补气装置检修并改进。

（7）检查各人孔门不漏水，紧固螺栓不缺不损坏。

（四）扩大性检修

机组的某些缺陷在一般性大修中无法进行检修，必须将水轮机解体吊出机坑后才能进行，如水轮机过水部分检修或轴流式转轮需要更换轮叶止推轴套等，均要求在检修时吊出水轮机转轮，这样的检修称为水轮发电机组扩大性检修。在扩大性检修时可以对机组每一个部件都进行全面彻底的检查（包括埋设件）。此外，有时需要对机组进行较大的技术改造工作，其检修工期和检修工作量均超出正常大修的范畴，也纳入扩大性检修。

扩大性检修时，除了应完成大修项目外，还可列入以下几项主要工作：

（1）转轮吊出、分解、处理及进行静平衡试验。

（2）有关部件的套环、衬套、轴套、轴领的检查、处理或更换。

（3）某些易损件，如止漏环、轮叶等的更换。

（4）转轮轮叶操动机构的检修。

（5）转轮轮叶密封机构的检修。

（6）机组中心测定及顶盖、座环、机架等中心或水平的检查。

（7）压力钢管、蜗壳及尾水管的全面检查、处理。

（8）发电机定子的处理及有关管路的检修。

第三章

变压器运行

🔥 第一节　变压器基本参数和正常运行方式

变压器是一种静止的电器，它是由绕在同一个铁芯（由硅钢片叠成）上的两个或多个的绕组组成的，绕组之间通过随时间交变的磁通相互联系着而传输能量（自耦变压器的绕组之间还有电的联系）。它的功能是把一种等级的电压和电流变成为同频率的另一种等级的电压（升高或降低）和电流，从而把发电厂发出的电能远距离地输送并合理地分配和使用。电力变压器是水电站最重要的变压设备。

一、变压器基本参数

为了使变压器安全经济地运行，并保证一定的使用寿命，规定了变压器的额定参数，这些参数是指导变压器运行的依据。变压器的主要技术参数有：

（1）额定电压。额定电压有额定一次电压 U_{1N} 和额定二次电压 U_{2N}。U_{1N} 是指规定加到一次绕组上的电压，U_{2N} 是当一次电压为额定电压值 U_{1N} 时的二次侧开路电压。

（2）额定电流：指变压器在额定容量下，允许长期通过的工作电流。铭牌上的高压侧电流与分接头的各档电压值相对应。

（3）额定容量：在变压器铭牌规定的额定运行参数下，变压器二次侧输出的功率（单位为 kVA）。

三相变压器的额定容量为

$$S_N = \sqrt{3} U_{N2} I_{N2} \tag{3-1}$$

式中　U_{N2}——变压器二次侧绕组的额定电压，kV；

$\quad\quad\ I_{N2}$——变压器二次侧绕组的额定电流，A。

（4）额定频率：变压器设计的标称频率。我国工频规定为50Hz。

（5）额定温升。规定以 40℃ 作为冷却空气的额定温度，由此规定变压器各部分的容许温升。对 A 级绝缘：绕组为 65℃（电阻法测）、铁芯为 70℃（温度计法测）、油为 55℃（温度计法测）。

（6）变比：一次侧的额定电压与二次侧的额定电压之比值。

（7）短路电压 U_K。将变压器二次侧短路，一次侧施加额定频率的试验电压并慢慢升高，直至二次侧产生的短路电流值等于额定电流时，一次侧所施加的电压与额定电压的百分比即短路电压，又称阻抗电压

$$U_K = \frac{U_K}{U_{N1}} \times 100\% \qquad (3-2)$$

（8）空负荷电流 I_0。当变压器二次侧开路和一次侧施加额定电压时，一次绕组中的电流与额定电流的百分比即空负荷电流

$$I_0 = \frac{I_0}{I_{N1}} \times 100\% \qquad (3-3)$$

（9）空负荷损耗 P_0：变压器二次侧开路、一次侧施加额定电压时变压器的损耗，近似等于变压器的铁损。

（10）负荷损耗 P_L（短路损耗 P_K）：变压器一、二次绕组通过额定电流时，绕组电阻所消耗的功率。将变压器二次绕组短路，在一次绕组额定分接头上通入额定电流时所消耗的功率，故又称短路损耗、铜损。一般为折算到变压器绕组温度为 75℃ 情况下的值。

（11）变压器的接线组别。代表变压器各绕组的连接法和一、二次线电压之间的关系，一般用时钟法表示。

两绕组变压器常用的接线组别号为：

1）Y，yn0（Y/Y0-12）适用于交流 380/220V 的配电变压器，供动力及照明用。

2）Y，d11（Y/△-11）适用于交流 35/10、6.3kV 电压的电网中的变压器。

3）YN，d11（Y0/△-11）适用于 63kV 以上电压等级的电网中

的变压器,中性点需要引出经消弧线圈接地或直接接地的电力系统。

二、变压器正常运行方式

1. 空负荷运行

指变压器一次绕组接到电网中,而二次绕组开路的运行方式。空负荷运行的目的一是测定空负荷参数,即测定变比、空负荷电流、空负荷损耗;二是考验变压器的运行特性,以保证带负荷后的安全运行。

变压器带负荷运行前,必须经过至少 5 次的空负荷冲击合闸—拉闸试验,以及空负荷运行一段时间,然后停电检查,一切正常时才允许带负荷运行。

2. 带负荷运行

这是一种正常的运行方式。

(1)变压器在制造厂规定的额定使用条件下,全年可按额定容量运行。

油浸式变压器最高上层油温可按表 3-1 的规定运行(温度计测量)。干式变压器各部分的温升不得超过表 3-2 的规定。

表 3-1 油浸式变压器最高上层油温

冷却方式	冷却介质最高温度(℃)	最高上层油温度(℃)
自然循环、自冷、风冷	40	95
强迫油循环风冷	40	85
强迫油循环水冷	30	70

表 3-2 干式变压器允许温升

变压器部位		温升限值(℃)	测量方法
绕 组	A 绝缘	60	电阻法
	E 绝缘	75	
	B 绝缘	80	
	F 绝缘	100	
	H 绝缘	125	
铁芯表面及结构零件表面		最大不得超过接触绝缘的允许温升	温度计法

（2）变压器负荷能力。应以额定负荷时上层油温低于表 3-1 的规定作为该变压器过负荷运行的依据。对于经改进结构或改善冷却方式的变压器，应通过温升试验以确定其负荷能力。全天运行的变压器不宜过负荷运行。

（3）变压器的外加一次电压可以较额定电压高，但一般不得超过相应分头电压值的 5%。不论电压分头在任何位置，如果所加一次电压不超过其相应额定值的 5%，则变压器的二次侧可带额定电流。根据变压器的构造特点（铁芯饱和程度等），经过试验或经制造厂认可，加在变压器一次侧的电压允许比该分头额定电压增高 10%。此时，允许的电流值应遵守制造厂的规定或根据试验确定。

（4）无载调压变压器在额定电压±5%范围内改换分头位置运行时，其额定容量不变。如果为–7.5%和–10%分头时，额定容量应相应降低 2.5%和 5%。有载调压变压器各分头位置的额定容量，应遵守制造厂规定。

（5）变压器允许的过负荷运行方式，应在现场运行规程中进行规定。过负荷允许运行时间见表 3-3。

（6）变压器事故过负荷只允许在事故情况下使用。事故过负荷允许运行时间见表 3-4、表 3-5。

（7）冷却风扇停止时油浸式变压器允许运行时间见表 3-6。

（8）短路时允许运行时间见表 3-7。

表 3-3   油浸自然冷却或吹风冷却变压器的
过负荷允许运行时间   （h:min）

过负荷倍数	过负荷前上层油温升（℃）						
	18	24	30	36	42	48	54
1.05	5:50	5:25	4:50	4:00	3:00	1:30	
1.10	3:50	3:25	2:50	2:10	2:50	0:11	
1.15	2:50	2:25	1:50	1:20	0:35		
1.20	2:05	1:40	1:15	0:45			

续表

过负荷倍数	过负荷前上层油温升（℃）						
	18	24	30	36	42	48	54
1.25	1:35	1:15	0:50	0:25			
1.30	1:10	0:50	0:30				

表 3-4 油浸自然循环冷却变压器事故
过负荷允许运行时间 （h:min）

过负荷倍数	环境温度（℃）				
	0	10	20	30	40
1.1	24:00	24:00	24:00	19:00	7:00
1.2	24:00	24:00	13:00	5:50	2:45
1.3	23:00	10:00	5:30	3:00	1:30
1.4	8:00	5:10	3:10	1:45	0:55
1.5	4:45	3:10	2:00	1:10	0:35
1.6	3:00	2:05	1:20	0:45	0:18
1.7	2:05	1:25	0:55	0:25	0:09
1.8	1:30	1:00	0:30	0:13	0:06
1.9	1:00	0:35	0:18	0:09	0:05
2.0	0:40	0:22	0:11	0:06	

表 3-5 油浸强迫油循环冷却的变压器事故
过负荷允许运行时间 （h:min）

过负荷倍数	环境温度（℃）				
	0	10	20	30	40
1.1	24:00	24:00	24:00	14:30	5:10
1.2	24:00	21:00	8:00	3:30	1:35
1.3	11:00	5:10	2:45	1:30	0:45
1.4	3:40	2:10	1:20	0:45	0:15

续表

过负荷倍数	环境温度（℃）				
	0	10	20	30	40
1.5	1:50	1:10	0:40	0:16	0:07
1.6	1:00	0:35	0:16	0:08	0:05
1.7	0:30	0:15	0:09	0:05	

表 3-6　　　　　油浸风冷切除风扇允许运行时间

空气温度（℃）	−10	0	+10	+20	+30	+40
允许运行时间（h）	35	15	8	4	2	1

表 3-7　　　　　　短路电流允许时间

短路电流倍数	20 以上	20~15	15 以下
持续时间（s）	2	3	4

3. 并列运行

随着现代发电厂、变电站容量的增大，需要将两台或多台变压器并列运行，以担负系统所分配的容量，并以此提高供电可靠性，减少备用容量，并根据负荷大小调整投运变压器台数，达到提高经济效益的目的。

并列运行就是将两台或多台变压器的一次侧绕组、二次侧绕组分别并接到与其相应电压的母线上。

并列运行的变压器应满足以下条件：

（1）各并列运行变压器接线组别相同；

（2）各并列运行变压器的变比相同（误差允许在±5%）；

（3）各并列运行变压器的短路电压百分数相等（误差允许在±10%）。

如此规定的目的是：在满足条件（1）、（2）时，使变压器空负荷时绕组内无环流；满足条件（3）时使负荷分配与变压器容量成正比。

为了使并列运行的每台变压器均能得到合理的利用，变压器容量大小比一般以 3:1 为宜。

新装或重接了内、外连线以及改变了接线组别的变压器，在并列运行前必须核定相位并检查极性。

❧ 第二节　变压器巡视和检查

运行中的变压器要定期做好巡视和检查工作，一般每班 3 次，除通过各种测量仪表、保护、信号指示等了解变压器的运行情况外，还要由运行人员在现场"看、听、闻"，以发现仪表不能反映的问题，以便及时发现异常和缺陷并进行处理，从而保证电站的安全可靠连续运行。

一、变压器正常运行中的巡视检查项目

（1）负荷电流是否在额定范围内。

（2）变压器的温度计指示正常，一般不大于 $85\sim90$℃。

（3）变压器外表清洁、完整，无遗留物。

（4）瓷套管外部应清洁，无破损裂纹、放电痕迹及其他异常现象。

（5）变压器声音无异常。

（6）呼吸器硅胶应完好，无受潮变色。

（7）安全气道及保护膜应完好无损。

（8）本体无渗油、漏油，储油柜和充油套管的油位、油色、正常，无渗、漏油。

（9）有载调压装置油枕油位应低于本体油枕油位。

（10）气体继电器内充满油，应无气体，继电器与储油柜间连接阀门应完整。

（11）各引线松紧适当，触点无过热发红现象。

（12）引线接头、电缆、母线应无发热现象。

（13）冷却装置运行正常，油泵、水泵转动应均匀正常，油压和水压在允许范围内，风扇运转正常。

（14）运行中的各冷却器温度应相近，油温正常，管道阀门开闭正确。

（15）有载调压装置分头现场与主控位置指示一致。

（16）主变压器中性点接地开关位置符合运行要求。

（17）外壳接地良好。

（18）主变压器负荷符合运行规定。

（19）变压器保护、测量仪表等二次部分检查。

（20）如果是室内变压器，则变压器的门、窗、门闩应完整，房屋应无漏水、渗水，照明和空气温度应适宜。

（21）消防设施齐全、完整等。

二、特殊巡视检查项目

（1）过负荷时：监视负荷、油温、油位变化，接头无过热，冷却装置运行正常。

（2）大风天气：引线摆动情况，引线上有无搭挂杂物。

（3）雷雨天气：瓷套管有无放电闪络，避雷器放电记录器动作情况。

（4）大雾天气：瓷套管有无放电现象，重点监视污秽瓷质部分。

（5）大雪天气：各接触点发热情况，有无雪引起短路的危险。

（6）短路后：检查主变压器及接头有无异状。

三、定期检查工作

（1）取油样化验，耐压试验。必要时，取油样做色谱分析。

（2）冬季取下避雷器做预防性试验。

（3）停电时，用绝缘电阻表测量绕组之间和绕组对地之间的绝缘电阻值，并与上次测量值比较（中性点接地时应先拉开接地开关）。

（4）停电时，测各侧绕组直流电阻值（包括分接开关部分），并与上次测量值比较。

（5）外壳和铁芯接地情况检测。

（6）按规程规定，定期进行交流耐压预防性试验。

（7）冷却泵主用和备用的定期切换。

（8）对停用时间比较长的备用变压器，应按规程规定定期充电，防止受潮，并测绝缘电阻值。

🔹 第三节　变压器投入与退出

变压器的投运和停运操作的总要求是：必须根据电网值班调度员或电站值班负责人命令，受令人复诵无误后，写好操作票，按倒闸操作要求进行操作。

一、变压器试运行

变压器首次带负荷运行前，必须经过零起升压及空负荷运行，然后经过至少 5 次的空负荷冲击合闸试验，停电检查合格后方能带负荷正常运行。

变压器首次投入空负荷运行应从零起升压，逐渐将电压升到额定值。在升压过程中监视表计指示的变化，观察三相电压、电流是否平衡。升压到 1/2 额定值时，暂时停止升压，对变压器进行全面检查，确认正常后再升压至额定值。在此过程中还要进行包括空负荷电流、空负荷损耗、变比等参数的记录检查。

空负荷运行无问题后，再做空负荷冲击合闸试验，经检查合格，并经技术主管确认，则可转入带负荷试运行。在带负荷运行中随变压器温度的升高，应陆续启动一定数量的冷却器。负荷试运行一般从 25%负荷开始投运，接着逐步增加到 50%～75%，最后满负荷运行 2h，满负荷后检查变压器本体及各附件均正常后结束。

另需注意：第一次带电后运行时间不应少于 10min，以便倾听变压器内部有无不正常杂音。

正常发电时变压器的空负荷运行则仅仅是过渡到负荷运行的一个短暂过程。

二、变压器正常运行

变压器投入和退出操作原则：

（1）变压器一般装有断路器，变压器投入和退出须用断路器操作，对空负荷变压器也如此。

（2）对小容量变压器如水电站中厂用变压器，若未装设断路器时，亦可用隔离开关投入或退出空负荷变压器（空负荷电流不超过 2A）；但需注意切断 20kV 及以上变压器的空负荷电流，必须用带有消弧角和机械传动装置并装在户外的三联隔离开关。若因条件限制三联隔离开关必须装在户内时，则应在各相间装设不易燃的绝缘物，使其三相互相隔离，以防止三相弧光短路。

（3）变压器投入、退出时操作顺序为：退出时应先停负荷侧，后停电源侧，投入时应从电源侧逐级投入。

（4）在电源侧装隔离开关，负荷侧装断路器的变压器投入运行时，应先合电源侧隔离开关，再合负荷侧隔离开关，最后合负荷侧断路器。退出变压器时应先拉负荷侧断路器，再拉负荷侧隔离开关，最后拉电源侧隔离开关。

（5）停运时间较长的变压器投运前须测量绝缘电阻并做油样简化试验，测量绝缘电阻时必须将高低压侧电源和连接的互感器断开，并同时断开接地的中性点。若变压器的绝缘电阻小于规定值时应报告技术领导人，以便决定是否投入运行。

（6）新投或大修后变压器送电，重瓦斯先改投信号位置，应选择大电网电源进行全压充电试验；送电后，经 24h 运行放气正常后改投跳闸位置。

三、分接开关调整原则

（1）无载分接开关调整时，应按照调度命令，运行人员做好安全措施，由电气试验专责人员进行调整，调整操作时必须拉开变压器各侧断路器及隔离开关，布置好安全措施后，方可进行调整。调整后，应注意三相分接位置保持一致，并测其绕组直流电阻值符合要求。

（2）有载分接开关调整，可在运行中按照制造商的规定进行调整，调整后应检查控制屏上分接头位置指示与现场实际位置一致。

四、变压器中性点隔离开关拉合原则

按电网调度统一安排的运行方式，按调度命令执行。

🏮 第四节 变压器不正常运行与事故处理

变压器故障的种类多种多样，变压器投运时间各异，所经历的过电压、过电流以及维护使用情况都不尽相同，故障发生的趋势亦不同。变压器常见的故障有以下几类：

（1）绕组绝缘老化；层间或匝间短路；局部过热；绝缘受潮以及短路造成的机械损伤等。

（2）铁芯（磁路）芯片间绝缘老化；穿芯螺丝或轭铁碰接铁芯；压铁松动引起振动或音响异常；接地不良形成间歇放电；芯片叠装不良造成铁损增大等。

（3）分接头接触不良引起局部过热；分接头之间因污物而造成相间短路或表面闪络。

（4）变压器油受潮，油化验不合格。

（5）冷却系统故障，风扇或油泵水泵出现异常，或冷却水进入油中。

（6）油箱漏油；油温计失灵；防爆管发生故障等。

因为变压器的故障不仅仅是某一方面故障的直观反映，它涉及诸多因素，有时甚至会出现假象，由故障到损坏，常会有一个渐变的过程。所以运行值班人员只有在掌握一定的理论基础上积累大量的实践经验，仔细观察分析故障现象，仔细倾听异常声音，分析油样试验结果，充分了解变压器过去及现在的实际运行状态，进行分析和诊断，才能准确可靠地找出故障原因，判明故障性质，提出完备合理的处理办法，使故障尽快得到消除。本书主要介绍运行人员值班时处理变压器故障的原则，以维持其他正常设备的连续安全运转。

一、主保护差动保护动作

1. 现象

"差动保护动作"光字牌亮，事故喇叭响或事故语音提示（有

计算机监控系统的水电站）；各侧断路器事故跳闸。

2. 处理

（1）运行值班人员在值长统一指挥下进行处理。

（2）做好事故记录。

（3）查看信号继电器掉牌情况，或微机保护装置的报警信号。注意未经许可，不得复归掉牌信号。

（4）去变压器现场检查，查看有无发热、喷油、异味等现象。

（5）对属于差动保护范围内的变压器外套管、母线、电缆头等进行检查，看有无故障存在。

（6）拉开各侧断路器，做好安全措施，报告生产主管，通知检修专责人员来现场，协同对变压器内部进行绝缘及油化验等检测。

（7）经值长同意，两人在场，复归信号继电器掉牌。

（8）没有查明原因之前，不准未经技术主管同意，随意判作误动而恢复送电。

二、重瓦斯保护动作

1. 现象

"重瓦斯保护动作"光字牌亮,事故喇叭响或事故语音提示(有计算机监控系统的水电站）；各侧断路器事故跳闸。

2. 处理

（1）做好记录。

（2）现场检查防爆膜是否损坏，气体继电器内有无气体。

（3）其他参见差动保护处理的一般处理原则。

三、轻瓦斯保护动作

1. 现象

"轻瓦斯保护动作"光字牌亮，故障电铃响或故障语音提示。

2. 处理

（1）做好记录。

（2）现场查气体继电器内有无气体，如果有，则停电后做好安全措施，收取气体。如果气体能燃烧，则报告主管，并通知检修专责人员做内部检查。

（3）如果气体不能燃烧，则放气后（也可能是新检修投运内部混有空气引起）做好绝缘检查后，经主管同意，复归掉牌，恢复送电。

四、过流保护动作

作为差动保护等主保护的后备保护，一般装在电源侧，以使变压器也在保护范围内。

1. 现象

"过流保护动作"光字牌亮，事故喇叭响或事故语音提示；断路器延时跳闸。

2. 处理

（1）做好记录。

（2）到现场进行外部温度、油温、油位等检查，包括引出线检查。

（3）联系电网调度员，核实外线有无故障，有无越级跳闸动作可能。

（4）如果确认正常时，复归掉牌后，可以试送电一次。试送不成功时，则按差动保护动作处理原则处理之。

五、过负荷动作

1. 现象

"过负荷动作"光字牌亮，故障电铃响或语音提示。

2. 处理

（1）做好记录。

（2）检查电流表指示，如果确系过负荷，则联系调度或用户调整减小负荷电流，并复归信号继电器。

六、零序过流保护动作

作为变压器接地故障的保护，同时作为高压系统侧系统中接地故障的后备保护。

1. 现象

"零序过流保护动作"光字牌亮，事故喇叭响或事故语音提示；

各侧断路器延时事故跳闸。

2. 处理

（1）做好记录。

（2）检查变压器外壳有无接地。

（3）询问电网调度员，核实系统有无接地故障。

（4）如果确认变压器没有接地，则复归掉牌后试送电一次。如果不成功，则通知检修专责人员来检查变压器本身，并与调度联系。

七、异常声响

变压器运行时，电流通过铁芯产生交变磁通就会发出"嗡嗡"的均匀电磁声，声响的强弱正比于运行电压和负荷电流的大小。这是变压器正常运行的声响。如果出现其他的"劈啪"放电声响，或发出"咕噜"像开锅的声音，则说明变压器出现了故障，应立即报告上级主管，现场确认并分析，并通知检修专责人来现场停电检查处理。

八、套管故障

1. 现象

套管破损、裂纹、闪络和漏油。

2. 处理

运行值班人员做好记录，加强检查监视，立即报告主管，选定时机，申请停电处理。

九、冷却系统故障及处理

1. 现象

风扇或油泵及水泵停止运转，或运转不正常。

2. 处理

（1）运行人员检查确认后，按现场运行规程规定，适当降低变压器负荷。

（2）做好记录。

（3）检查其电气回路是否完好，熔断器是否熔断，断路器是否跳闸。

（4）立即报告并通知检修专责人员处理。

十、油温升高并告警

1. 现象

"温度升高"光字牌亮，故障电铃响或语音提示。

2. 处理

（1）到现场检查确认温度升高值，先检查是否过负荷及冷却系统是否故障。

（2）检查温度指示有无假象。

（3）记录并报告主管，查明原因及时处理。

十一、防爆管向外喷油

变压器防爆管发生喷油，运行人员应：

（1）立即报告上级，并将变压器停电，拉开各侧断路器，将其与运行设备隔离。

（2）通知检修专责人员处理。

（3）立即报告电网调度员。

十二、变压器看不到油位或油质变黑或碳化

处理方法如下：

（1）报告上级，并现场再次确认。

（2）先降低负荷。

（3）申请停电由检修专责处理。

十三、变压器着火

处理方法如下：

（1）立即断开着火变压器各侧断路器、隔离开关及冷却风扇等电源，并报告生产主管。

（2）根据火灾情况速拨 119 报警，向消防单位汇报着火单位、位置、地点、火灾性质。

（3）迅速报告电站领导，组织人员采用干粉灭火器灭火，不得已时可取用消防沙灭火。

（4）若油箱顶盖上部着火，应立即打开变压器事故放油阀排油，并疏通堵塞的排油池以便排油。

（5）若变压器内部故障引起着火，则不能放油，以防变压器

爆炸。

（6）灭火过程中，应先将起火的变压器与运行设备隔离，防止造成运行设备短路接地。

（7）对外来协助救火人员，应交代安全注意事项，防止造成触电伤亡及其他情况发生。

🌢 第五节　变压器维护与检修

一、变压器停电清扫维护

变压器除日常巡视检查外，还应有计划地进行停电清扫维护，清扫维护的内容一般有以下几点：

（1）清扫绝缘子及其附属设备。

（2）检查母线及接线端子等连接点接触情况。

（3）测定绕组的绝缘电阻及接地电阻。

二、变压器定期小修

变压器应定期进行小修，其小修间隔根据设备实际情况确定，小修的内容主要有以下几点：

（1）检查并消除已发现的缺陷。

（2）检查并紧固引出线的接头。

（3）擦净外壳和绝缘子。

（4）清扫储油柜，检查油位。

（5）检查放油阀门和密封衬垫。

（6）检查和清扫冷却装置。

（7）检查防爆膜的完整性。

（8）检查气体继电器及其保护装置。

（9）进行其他规定的测量和试验工作。

三、变压器大修

变压器应进行大修，大修间隔根据设备的实际情况确定，大修的主要内容有以下几点：

（1）变压器解体检查：打开变压器顶盖，吊芯进行检查；检查铁芯、绕组、分接开关和引出线。

（2）检修顶盖、储油柜、安全气道及散热器和套管等。

（3）检修冷却装置和滤油装置。

（4）清扫外壳，必要时进行油漆。

（5）检查控制测量仪表、信号和保护装置。

（6）其他规定的测量和试验工作。

（7）必要时进行绝缘干燥。

四、变压器定期试验

（1）测量绕组的绝缘电阻及吸收比。

（2）测量绕组连同绝缘套管的泄漏电流。

（3）测量绕组连同绝缘套管的介质损失角的正切值。

（4）绕组连同绝缘套管一起的交流耐压试验。

（5）测量非纯绝缘套管的介质损失角的正切值。

（6）测量绕组的直流耐压。

（7）测量磁轭铁梁和穿心螺栓的绝缘电阻。

（8）油箱和绝缘套管中绝缘油的定期取样试验。

（9）检查绕组所有分接头的电压比。

（10）检查相位和接线组别。

（11）额定电压下的冲击合闸试验。

第四章

配电装置运行

配电装置是接受和分配电能的电气设备，由开关电器、保护电器、测量电器以及母线、电缆、绝缘子等按一定规律连接而成的。其作用是：

（1）完成电能的接受和分配。

（2）对发、供电设备的各电量进行测量，以便根据要求及时进行调整。

（3）保护电力系统发、供电设备的正常运行，迅速地切除故障部分。

第一节　配电装置正常运行

一、新设备投运前检查

（一）高压断路器投运前的检查和试验

（1）断路器分、合闸机械指示器处于"分"位置，断路器两侧隔离开关应都处于断开位置。

（2）断路器本身及套管应清洁，无裂纹、缺损及放电痕迹。

（3）断路器外壳接地线紧固，接触良好。

（4）断路器分、合闸机械位置指示器指示正确；各部位机械零件正常，无损坏现象，机械闭锁销子应打开。

（5）各元件接触紧固且良好，螺丝无松动，小车插头应正常。

（6）断路器操动机构各部位销子无断裂或脱离，跳闸弹簧无断裂，弹簧缓冲器或油缓冲器应清洁、固定牢靠、油量充足、动

97

作灵活无卡滞现象，缓冲作用良好，辅助开关动作应准确可靠，触头无电弧烧损现象。

（7）断路器各相绝缘电阻值应符合规定；一般 3～10kV 用 1000V 绝缘电阻表测量，不小于 300MΩ。

（8）每相导电回路直流电阻值合格，如 SN_1-10 为 95μΩ。

（9）操作回路熔断器电流值符合设计值。

（10）拉、合闸操作试验和保护模拟跳闸试验合格。

（11）油漆应完整，相色标志正确。

（12）二次回路的导线和端子排完好。

（13）若为油断路器，则还需检查油面应在标准位置，即不超过最高线，也不低于最低线；油色透明无杂质，油标玻璃管及油箱外部清洁，无渗漏油；确认油样化验合格；耐压试验合格。

（14）若为真空断路器则要检查其灭弧室真空度应符合要求。

（15）若为 SF_6 断路器则要检查其密封良好，无漏气和潮气侵入现象，气体压力值和 SF_6 气体质量应符合产品技术要求。

（16）确认其他电气试验项目、标准合格。

另外对操动机构主要是检查：

（1）操动机构应固定牢固，外表清洁完整。

（2）电气连接可靠且接触良好。

（3）液压系统无渗漏油，油位正常，空气系统无漏气，减压阀和安全阀动作可靠；压力表指示正确。

（4）操动机构与断路器的联动正常，无卡住现象，手动跳闸脱扣机构应动作灵活。

（5）机构箱的密封垫应完整，电缆管口、动口应予以封闭。

（二）高压隔离开关投运前的检查和试验

（1）隔离开关的触头应接触紧密良好，动静触头无脏污、杂物，压紧弹簧和铜辫子无断股和损伤现象。

（2）绝缘子和连接拉杆无断裂现象，操动机构各连接部分销子牢固可靠无脱落现象，动作灵活可靠。

（3）闭锁装置应良好，电锁销子在正确位置。

（4）油漆应完整，相色标志正确。

（5）带接地刀的隔离开关联动可靠，接地刀接地应良好。

（6）相间距离以及分闸时触头打开角度和距离应符合规定，合闸时三相同期要符合规定。

（7）电气试验项目及标准合格。

（三）互感器投运前的检查和试验

电力系统往往采用高电压、大电流将电能送往用户，无法用仪表直接测量。互感器的作用就是将高电压、大电流变成低电压、小电流。其中变换电压的为电压互感器，变换电流的为电流互感器。

应特别指出的是不同准确度等级的互感器用于不同的场合，一般 0.2、0.5 级常与计费用电能表连接；1 级互感器与监视用指示性仪表连接；3 级和 10 级与继电器配合使用；D 级电流互感器专用于差动保护。同一台互感器使用在不同的准确度级下，互感器二次所带负荷容量不同，精度要求越高，二次所能带的负荷容量越小。

一台合格的电压或电流互感器在运行中的容量不允许超过铭牌的规定值，其一、二次回路的绝缘电阻不得小于允许值。6kV 及以上电压互感器一次侧用 1000～2500V 绝缘电阻表测量，其绝缘电阻值不得小于 50MΩ，二次侧用 1000V 绝缘电阻表测量，其绝缘电阻值不得低于 1MΩ；电流互感器二次侧用 1000V 绝缘电阻表测量，其绝缘电阻值不得低于 1MΩ；0.4kV 电压互感器用 500V 绝缘电阻表测量，其绝缘电阻值不低于 0.5MΩ。电流、电压互感器二次侧均采用可靠接地，以防绝缘损坏时一次侧高压通过互感器窜入二次侧，造成安全隐患。为简化同期接线，电压互感器二次绕组一般采用 L_2 相接地。

另外须注意的是电压互感器所带负荷必须并联在二次回路中，电流互感器所带负荷必须串联在二次回路中。

1. 电压互感器投运前的检查内容

（1）电压互感器周围应无影响送电的杂物；

（2）电压互感器一次侧高压熔断器外部正常，用万用表测试显示导通良好；

（3）电压互感器各部位接触良好，无松动现象；

（4）电压互感器及其绝缘子无裂纹、脏污或破损现象；

（5）电压互感器油漆应完整，相色应正确，外壳接地应牢固良好；

（6）电压互感器附属设备及回路良好，无异常或缺陷；

（7）油浸式电压互感器油位正常，油色透明不发黑，无渗油、漏油现象，硅胶颜色正常；

（8）确定电压互感器高、低压侧相位正确；

（9）检查确认电气试验项目、标准合格。

2. 电流互感器投运前的检查内容

（1）电流互感器周围应无影响送电的杂物；

（2）电流互感器一、二次接线正确牢固，各部位接触良好，无松动及损坏现象；

（3）电流互感器外部清洁无锈蚀，绝缘子无裂纹、脏污或破损现象；

（4）电流互感器外壳及二次回路一点接地良好，接地线应牢固可靠；

（5）电流互感器附属设备及回路良好，无异常或缺陷；

（6）充油电流互感器外观应清洁、油量充足，无渗漏油现象；

（7）二次回路中的试验端子接触牢固无断开现象；

（8）油漆应完整、相色标志应正确；

（9）检查确认各项电气试验合格。

（四）绝缘子、母线和电缆投运前的检查和试验

母线和电缆均为导体。母线是无绝缘外层的裸导体，而电缆是有绝缘外层的导体。绝缘子（又称为瓷瓶）主要用来支撑和固定母线，并使之与地绝缘。

1. 绝缘子投运前的检查和试验

绝缘子是用来固定和支持带电裸导体，并保证裸导体的对地

绝缘及其在短路电流通过时的稳固性。绝缘子应具有足够的绝缘强度和机械强度，并能耐热、耐潮。

电站中的绝缘子又分为支持绝缘子和套管绝缘子两种，支持绝缘子的主要技术指标有额定电压和抗弯破坏负荷能力等；套管绝缘子的主要技术指标有额定电压、额定电流及抗弯破坏负荷能力等。

新绝缘子投运前检查项目如下：

（1）检查瓷件、法兰应清洁、完整、无破损及裂纹，胶合处填料完整。

（2）安装牢固，紧固件齐全。

（3）套管接地端子应可靠接地。

（4）充油套管无渗漏，油位指示正常。

（5）检查泄漏距离应符合要求。

（6）检查和确认各电气试验项目应合格。

2. 母线投运前的检查和试验

母线在配电装置中起着分配和汇集电能的作用。母线的主要技术指标有截面积大小及其对应的额定载流量等。

母线投运前的检查项目如下：

（1）检查三相交流硬母线应涂黑漆，并按 U、V、W 漆上黄色、绿色和红色标志，不接地的中性线涂白色，接地的中性线涂紫色；直流母线正极涂褐色，负极涂蓝色。

（2）金属构件的加工、制作、焊接、螺栓连接和安装良好。

（3）母线涂漆防腐性应符合要求。

（4）螺栓固定的母线搭接面应平整，各部螺栓、垫圈、开口销、线夹等零部件应齐全可靠。

（5）母线的配置及安装架设符合规定，连接正确，螺栓紧固，接触可靠；相间及对地电气距离符合规定；软母线的弧垂度应符合要求。

（6）瓷件光洁、无裂纹，瓷铁胶合处黏合牢固，无缝隙。

（7）各电气试验合格。

3. 电缆投运前的检查和试验

（1）电缆规格应符合规定、排列整齐，沿支持物敷设电缆固定良好，无机械损伤。

（2）电缆编号标志牌应齐全、正确、清晰。

（3）电缆的弯曲半径与电缆外径的比值不超过标准，相序排列符合标准。

（4）电缆终端头、中间接头及充油电缆的供油系统应安装牢固，无渗油现象，充油电缆油压及表计整定值符合要求。

（5）外皮接地应良好。

（6）电缆终端盒的连接正确，无滴油现象。

（7）电缆支架等金属部件防腐层应完好。

（8）电缆沟内应无杂物，盖板齐全，隧道内无杂物，照明、通风、排水设施符合设计。

（9）埋设地下电缆应标明坐标、部位与走向。

（10）防火措施符合设计要求，且施工质量合格。

（11）滴油电缆最高与最低间高差不超过规定值。

（12）电缆各项电气试验合格。

（13）确认充油电缆的绝缘油试验合格。

（五）常见低压开关电器投运前的检查和试验

水电站常用的低压开关电器有低压断路器、刀开关、接触器等，它们的额定电压均在 1000V 以下。不同的低压开关电器虽各自有特点，但其对安全有许多共同的要求，如：电压、电流、断流容量、操作次数、温升等允许参数应符合要求；灭弧罩、灭弧触点、灭弧用绝缘板等灭弧装置应完好；防护、连锁装置可靠完善，安装牢固，便于操作，最小安全净距符合要求，本体及附件无变形和损伤；触点接触紧密，接触压力足够，各极动作同时性达标；不带电金属部分接地或接零良好；绝缘电阻符合要求等。

1. 低压断路器投运前的检查和试验

低压断路器又名自动空气开关或自动开关。它适用于不频繁地通断电路或启停电动机，并能起过负荷、短路和失压保护作用，是低压交直流电路中性能最完善的低压开关电器。

低压断路器投运前检查的具体项目如下：

（1）低压断路器周围无影响送电的杂物；

（2）接线端子与连接导线应紧固，其他连接部件也无松动，接触良好；

（3）低压断路器本体及附件均无异常，灭弧装置完好；

（4）用 500V 绝缘电阻表测量，主回路及控制回路的绝缘电阻不低于 $0.5M\Omega$；

（5）断路器内不应有多余的线头、小螺钉等导电物，绝缘距离保证；

（6）各保护装置动作正常，整定值符合要求；

（7）控制部分动作正常，分、合闸符合要求；

（8）各项电气试验合格。

2. 低压刀开关投运前的检查和试验

刀开关是一种最简单的低压开关电器，只能手动操作，适合于不频繁通断的电路，但不能开断短路和过负荷电流。

低压刀开关投运前检查的具体项目如下：

（1）低压刀开关周围无影响送电的杂物；

（2）母线与刀开关接线端子连接部分无松动，接触良好可靠，灭弧室安装牢固；

（3）低压刀开关本体及附件、操作手柄等均无异常，触刀接触情况良好，操动机构动作灵活；

（4）各项电气试验合格。

3. 低压接触器投运前的检查和试验

接触器是用来远距离通断负荷电路的低压开关，广泛用于频繁启动和控制电动机的电路。接触器本身无保护作用，但它可以与熔断器配合来开断短路电流；与热继电器一起来切除过负荷电流，与继电器配合实现自动控制。

低压接触器投运前的检查项目如下：

（1）接触器周围无影响送电的杂物；

（2）各导电连接部分无松动，接触良好；

（3）接触器线圈、各对触点及附件等均无异常；

（4）触点无毛刺，接触紧密；

（5）控制回路动作正常；

（6）各电气试验合格。

（六）熔断器投运前的检查和试验

熔断器是最简单的保护电器，是在电路中人为地设置一个最薄弱的易熔断的金属元件，当电路发生短路或连续过负荷时，元件本身过热达到熔点而自行熔断、切断电路，从而使电气系统和设备得到保护。

熔断器有高压和低压之分。高压熔断器常用于保护高压输电线路、电压互感器和电力变压器。低压熔断器常用在低压配电装置及厂用机械设备的电路中。按熔体动作特性熔断器又分为固定式和跌落式，按其工作特性分为有限流作用和无限流作用的熔断器。

熔断器投运前的检查项目如下：

（1）熔断器额定电流大小符合设计要求；

（2）熔断器周围无影响送电的杂物；

（3）各导电连接部分无松动，接触良好；

（4）安装牢固，具有足够的接触压力；

（5）熔断器外壳无裂纹、破损；

（6）熔体及附件等均无异常。

（七）高压开关柜、低压配电屏投运前的检查和试验

配电装置是由前面所述的开关电器、载流导体和必要的辅助设备组成的电工建筑物。

高压开关柜、低压配电屏是将同一回路的开关电器、测量仪表、保护电器和辅助设备都组装在全封闭或半封闭的金属柜、屏内。要使高压开关柜、低压配电屏能保证安全可靠运行，除屏、柜内的电器正常可靠外，屏、柜本身也要符合要求。要有防止常规错误的防护装置，如隔离开关与断路器间的闭锁装置等。

1. 高压开关柜投运前的检查试验

（1）柜内电气元件型号、规格与图纸相符；

（2）柜体固定可靠，盘、柜漆层完好、清洁整齐；

（3）外壳接地可靠；

（4）一、二次配线与图纸相符，接线应准确，牢固可靠，紧固螺钉、销钉无松动、脱落现象，标志齐全；

（5）对手车式开关柜，先将手车推到试验位置并锁紧后进行试验，应无异常，然后使断路器断开，解锁后将手车推进至工作位置并锁紧，柜内照明应完好；

（6）盘、柜及电缆管道安装完毕并已做好封堵，可能结冰地区还应有防止结冰措施；

（7）操作及联动模拟试验正常，符合要求；

（8）查验或确认各项电气试验合格。

2. 低压配电屏投运前的检查试验

（1）屏内所安装电器型号、规格与图纸相符；

（2）安装牢固可靠，清洁整齐，漆层完好，无剥落现象，开关电器各部分接触到位良好，母线连接良好；

（3）刀开关、组合开关、断路器等操动机构均应动作灵活；

（4）二次接线与图纸相符，接线牢固、整齐；

（5）表计和继电器等二次元件连接正确；

（6）仪表、互感器的变比及接线极性应正确；

（7）保护电器的整定值、熔体额定电流正确；

（8）辅助电路各元件的触点均符合要求；

（9）外壳接地符合要求、标志明显；

（10）抽屉式配电屏主开关的机械连锁应有效，电气连锁应可靠；

（11）查验或确认各项电气试验合格。

二、配电装置电气倒闸操作

电气设备分运行、热备用、冷备用、检修四种状态。当电气主接线运行方式改变时，一些设备将从一种状态转换为另一种状态，这时需要进行一系列操作。这种将设备的一种状态转换为另一种状态的过程叫电气倒闸，所进行的操作称为电气倒闸操作。电气倒闸操作是电气值班员日常最重要的工作之一。水电站的主要电气倒闸操作如下：

（1）水轮发电机组的启动、并列和解列。

（2）电力变压器的停送电。

（3）电力线路的停送电。

（4）网络的合环与解环。

（5）母性接线方式的改变（即倒换母线）。

（6）中性点接地方式的改变和消弧线圈的调整。

（7）继电保护和自动装置使用状态的改变。

（8）接地线的安装与拆除。

事故处理所进行的操作，实际上是特定条件下的紧急电气倒闸操作。

为了减少误操作，除紧急情况及事故处理外，交接班期间一般不安排电气倒闸操作；条件允许时，一切重要的电气倒闸操作应尽可能安排在负荷低谷时进行，以减少误操作对电网的影响。

（一）电气倒闸操作应遵循的原则

电气倒闸操作的基本原则就是不能带负荷拉、合隔离开关。

（二）电气倒闸操作的操作票制与操作监护制

电气设备的操作应严格遵守 GB 26860—2011《电力安全工作规程 发电厂和变电站电气部分》的规定，必须填用操作票。有关操作票制与操作监护制的详细要求，在第一章中已作介绍。

电气倒闸操作中的辅助操作包括：测量绝缘电阻；变压器或消弧线圈改分接头；启动强油循环变压器油泵；接通或断开断路器的合闸动力电源及隔离开关的控制电源等。这些操作是否写入操作票中，应根据各水电站的操作习惯而定。

（三）电气倒闸操作前应做的准备工作

1. 接受操作任务

操作任务通常由操作指挥人或操作领导人（调度员或值班长）

下达，是进行电气倒闸操作准备的依据，有计划的复杂操作或重大操作，应尽早通知有关单位准备。接受操作任务后，值班负责人（值班长）要首先明确操作人及监护人。

2. 确定操作方案

根据当班设备的实际运行方式，按照规程规定，结合检修工作票的内容，综合考虑后确定操作方案及操作步骤。

3. 填写操作票

操作票的内容及步骤，是操作任务、操作意图、操作方案的具体化，是正确操作的基础和关键。

（1）操作票必须由操作人填写；

（2）填好的操作票应进行审查，达到正确无误；

（3）特定的操作，也可使用固定操作票；

（4）准备操作用具及安全用具。

此外，准备停电的设备如带有其他负荷，电气倒闸操作的准备工作还包括将这些负荷转移的操作。

（四）断路器在操作及使用中的注意事项

断路器是在电气倒闸中最基本的操作电器，断路器在操作及使用中应注意以下几点：

（1）操作断路器时：

1）扭合控制开关，不得用力过猛或操作过快，以免合不上闸。

2）操作把手必须扭到终点位置，当合闸指示红灯亮后，对不能自复的开关需将把手返回；操作把手返回过早，可能造成断路器合不上。

3）断路器合闸送电或跳闸后试送电，人员应远离现场，避免因带故障合闸造成断路器损坏，发生意外。

4）远方（电动或气动）合闸的断路器，不允许带工作电压手动合闸，以免合入故障回路使断路器损坏或引起爆炸。

（2）断路器出现非对称合闸（三相未同时合闸）：首先要恢复对称运行（三相全合或全开），然后做其他处理。

发电厂（变电站）的运行规程应明确规定故障发生在不同回路（发电机或出线）时的具体处理步骤和方法。

（3）断路器拉开或合上后，应到现场检查其实际位置，以免传动机构开焊，绝缘拉杆折断（脱落）或支持绝缘子碎裂，造成实际未拉开或未合上。

（4）拒绝合闸或跳闸的断路器，不得投入运行或列为备用。

（五）隔离开关在操作及使用中的注意事项

隔离开关也是倒闸操作中重要的操作电器，隔离开关在操作及使用中应注意以下几点：

1. 按照允许的使用范围进行操作

隔离开关没有灭弧装置，操作中产生的电弧，如超过本身"自然灭弧能力"，往往会引起短路。为此，隔离开关不可以带负荷拉合。但根据《电力工业技术管理法规》的规定，当回路中未装断路器时，可使用隔离开关进行下列操作：

（1）拉、合电压互感器和避雷器。

（2）拉、合母线和直接连接在母线上设备的电容电流。

（3）拉、合变压器中性点的接地线。但当中性点接有消弧线圈时，只有在系统没有接地故障时才可进行。

2. 隔离开关在操作时的注意事项

（1）合闸时：

1）合闸前，应检查断路器确在断开位置。

2）无论是用手动传动装置或绝缘操作杆操作，均必须迅速而果断，但在合闸完毕时用力不可过猛，以免发生冲击。

3）隔离开关操作完毕后，应检查是否已经合上，合上后应使隔离开关完全进入固定触头，并检查接触的严密性。

（2）拉闸时：

1）开始时应缓慢而谨慎，当刀片刚离开固定触头时应迅速。特别是切断变压器的空负荷电流、架空线路及电缆的充电电流、架空线路的小负荷电流以及切断环路电流时，拉隔离开关更应迅速而果断，以便能迅速消弧。

2）拉开隔离开关完毕后，应检查隔离开关各相确实已在断开位置，并应使刀片尽量拉到头。

（3）操作中：

1）误拉隔离开关时，在刀片未断开以前应迅速将其合上，如已拉开的应迅速拉开，严禁再合上。

2）误合隔离开关时，在任何情况下均不允许再拉开，只能利用断路器迅速断开该电路。

（六）电气倒闸操作时继电保护及自动装置的使用原则

（1）设备不允许无保护运行。一切新设备均应按照 GB/T 14285《继电保护和安全自动装置技术规程》的规定，配置足够的保护及自动装置。设备送电前，保护及自动装置应齐全，整定值应正确，传动良好，连接片在规定位置。

（2）电气倒闸操作中或设备停电后，如无特殊要求，一般不必操作保护或断开连接片。

但在下列情况要特别注意，必须采取措施以防止保护误动：

（1）电气倒闸操作将影响某些保护的工作条件，对可能引起误动作的保护，应提前停用。例如，电压互感器停电前，低电压保护应停用。

（2）运行方式的变化将破坏某些保护的工作原理，可能出现误动时，电气倒闸操作前也必须将这些保护停用。例如，当双回线接在不同母线上.且母联断路器断开运行，线路横差保护应停用。

（3）设备虽已停电，如该设备的保护动作（包括校验、传动）后，仍会引起运行设备断路器跳闸时，也应将有关保护停用，连接片断开。

（七）验电操作及注意事项

验电操作，一是要态度认真，克服可有可无的思想，避免因走过场而流于形式；二是验电要掌握正确的判断要领。

1. 验电的方法及要求

（1）高压验电，操作人必须戴绝缘手套。

（2）验电时，必须使用试验合格、在有效期内符合该系统电压等级的验电器。特别要禁止不符合系统电压等级的验电器混用。在低压系统使用电压等级高的验电器，可能验不出来；反之，在高压系统中使用电压等级低的验电器，人员安全得不到保证。

（3）雨天室外验电，禁止使用普通（不防水）的验电器或绝缘拉杆，以免受潮闪络或沿表面放电，引起事故。

（4）应先在有电的设备上检查验电器，确认验电器良好。

（5）在停电设备的两侧（如断路器两侧、变压器高低压侧等）以及需要短路接地的部位，分相进行验电。

2. 验电时的注意事项及判断有无电压的方法

（1）试验验电器，不必直接接触带电导体。通常验电器清晰发光电压不大于额定电压的 25%，因此，完好的验电器只要靠近带电体（6kV、10kV 及 35kV 系统，分别约为 150mm、250mm 及 500mm），就会发光（或报警）。

（2）绝缘拉杆验电要防止钩住或顶着导体，室外设备架构高，用绝缘拉杆验电，只能根据有无火花及放电声判断设备是否带电，不直观，难度大。白天，火花看不清，主要靠听放电声。若变电站背景噪声很大，思想稍不集中，极易作出错误判断，因此，操作方法很重要。验电时如绝缘拉杆钩住或顶着导体，即使有电也不会有火花和放电声。正确的方法是绝缘拉杆与导体应保持虚接或在导体表面来回蹭，如设备有电，就会产生火花和放电声。

（3）正确掌握区分有无电压的方法是验电的关键，可参照以下方法进行判断：

1）有电。因工作电压的电场强，验电器靠近导体一定距离，就发光（或报警），显示设备有电；随后，验电器离带电体愈近，亮度（或声音）就愈强，操作人细心观察，掌握这一点对判断设备是否带电很重要。

2）静电。对地电位不高，电场微弱，验电时验电器不亮。与导体接触后，有时才发光；随着导体上静电荷通过验电器—人体一大地放电，验电器亮度由强变弱，最后熄灭。停电后在高压长电缆上验电时，就会遇到这种现象。

3）感应电。与静电差不多，电位较低，绝大多数情况验电时验电器不亮。

在低压回路验电，如验电笔亮，可借助万用表来区别是哪种性质的电压，将万用表的电压挡放在不同量程上，测得的对地电压为同一数值，可能是工作电压；量程越大（内阻越高），测得的电压越高，可能是静电或感应电压。

第二节　配电装置巡视与检查

巡视检查是保证设备安全运行、及时发现设备缺陷和隐患的有效方法，每个运行值班人员均应认真按制度规定进行巡视检查。

一、高压断路器运行中的巡视和检查

高压断路器在运行中的检查周期为：交接班时一次；早晚最大负荷时各一次；每5天进行一次夜间检查，以便在黑暗中检查有无放电现象；特殊情况时安排机动性检查（如大雨、雪天气，自动跳闸后合闸前，检修后合闸前等），在断路器故障跳闸后应对它进行特殊巡查，并记录跳闸连续次数，以便决定是否检修，并做好记录。

1. 油断路器日常巡视检查项目

（1）检查各部位瓷件有无裂纹、破损，表面脏污、放电现象；

（2）检查各电气连接点无过热变黑现象；

（3）断路器油位、油色正常，无渗油、漏油现象；

（4）操动机构连杆无裂纹，螺丝无松动现象；

（5）操动机构分合闸指示与操作把手位置正常；

（6）手车式断路器还应检查闭锁装置良好、位置正确，活动端子排接触良好及连锁杆正直；

（7）使用液压操动机构的断路器应特别检查液体压力在规定

范围内，外部通道应无漏油、漏气现象，电机电源回路完好，油泵启动次数应在规定范围内；

（8）电磁式操动机构应检查直流分合闸线圈无焦味、冒烟及烧伤现象；

（9）弹簧式操动机构应检查其弹簧状况，当其在分闸状态时分闸弹簧应储能。

另外，油断路器在开断短路故障后，应重点检查油断路器有无喷油现象，油色及油位是否正常等。此外还应检查断路器各部件有无变形及损坏，各接头有无松动及过热现象。

2. 真空断路器日常巡视检查项目

（1）断路器分合闸位置指示正确，与实际运行工况相符；

（2）真空灭弧室无裂纹，无异常；

（3）真空度正常，无漏气现象，无暗红色或乳白色辉光；

（4）支持绝缘子无裂痕、损伤，表面光洁；

（5）金属框架或底座无严重锈蚀或变形；

（6）可观察部位的连接螺栓无松动，轴销无脱落或变形；

（7）引线接触部位无过热变色现象，弛度适中。

3. SF_6断路器的日常巡视检查项目

（1）断路器分合闸位置指示正确，与实际运行工况相符。

（2）壳体、操动机构及各类附件完整，无锈蚀、无损伤，开闭位置正确。

（3）监视 SF_6 气体压力变化，特别注意监视因温度变化引起的压力异常，压力一般为 0.4～0.6MPa（20℃）。

（4）无漏气，无异响和异臭味。

（5）监视 SF_6 气体中含水量不得超过标准，注意定期测量 SF_6 气体含水量。

（6）断路器外部瓷套无裂纹、破损及严重脏污、闪络放电现象。

（7）断路器并联电容器无漏油现象且与灭弧室连接紧固。

（8）接触端子无过热变黑现象。

（9）使用液压操动机构的断路器应检查液压回路无渗油、漏油现象，油压正常。

（10）室外操动机构箱无进水，气泵无漏气，加热器工作正常，空气压力指示正常。

另外，对于 SF_6 全封闭组合电器即 GIS 装置，变压器在外的一次高压设备全部装在充有 SF_6 气体的封闭金属壳内。运行巡视中注意两人同行，检查位置信号、触点是否正常，各种信号灯，SF_6 气体压力，装置内声音等。

二、高压隔离开关运行中的巡视和检查

隔离开关在运行中的检查周期为交接班一次，至少每 5 天夜间检查一次，以便发现有无电晕和放电现象。每次合闸前与分闸后均应检查，在尘土多、结冰及大负荷时可临时增加次数。

巡视中应注意隔离开关触头位置是否正确到位，同时检查隔离开关的导电部分、绝缘部分、底座及操动机构的工作状态有无异常，具体如下：

（1）隔离开关动、静触头接触良好，触头无发热变色等异常现象。

（2）绝缘子完整无裂纹，无电晕和放电现象。

（3）操动机构包括操作连杆及机械各部件，应无开焊、损伤、变形、锈蚀，安装牢固。

（4）闭锁装置应良好，隔离开关拉开后应检查电磁锁或机械闭锁的销子是否锁牢，辅助触点位置正确且接触良好。

（5）动、静触头接触良好且无脏污、杂物和烧痕，合闸后触刀应完全进入刀嘴内，在额定电流下，温度不应超过 70℃。

（6）压紧弹簧和铜辫子无断股和损伤。

（7）动、静触头消弧部位无烧伤、变形或锈蚀。

（8）母线连接处无松动、脱落现象，传动机构应正常。

（9）带接地刀的隔离开关的三相接地刀均应良好。

（10）在夜晚及雨雾天气应特别检查绝缘子及导电部分的放电现象。特别是当隔离开关通过短路故障电流后，应检查合闸状

113

态下动、静触头接触是否严密，有无发热变色等异常现象，并检查隔离开关的绝缘子有无破损和放电现象。

三、互感器运行中的巡视和检查

互感器在正常运行中每隔 4h 检查一次。

1. 电压互感器巡视检查

（1）互感器外部清洁，各部螺栓牢固，瓷质部分清洁完整，无裂纹，无破损及放电痕迹。

（2）油浸式电压互感器油位正常，油色透明不发黑，且无渗油、漏油现象。

（3）正常运行时本体无烧损现象，无振动、无杂音和放电声且无异常气味。

（4）当外部线路接地时应注意该母线上的电压互感器声响是否正常，有无焦臭味。

（5）电压互感器二次侧接地应牢固良好，一次侧中性点应可靠接地。

（6）电压互感器一、二次回路接线牢固，各接头无松动、发热和变色现象；电压互感器一、二次熔丝完好。

（7）二次侧不允许短路。

（8）吸湿剂颜色正常。

（9）一次侧隔离开关接触良好，且电压表三相指示应正确。

2. 电流互感器巡视检查

（1）电流互感器各部接线正确，接头紧固，无松动，无放电打火及过热现象。

（2）二次侧无开路现象，接地线应良好，无松动和断裂现象。

（3）电流互感器应无异常气味且运行声音正常。

（4）瓷质部分应清洁完整，无缺损、裂纹及放电现象。

（5）充油电流互感器的油面、油色应正常，无漏油、渗油现象。

（6）干式电流互感器应无潮湿现象。

（7）电流表的三相指示值在允许范围内，电流互感器无过负荷运行。

另外，在异常天气时应增加检查次数，重点检查室外互感器无杂物、结冰、放电等现象。

四、导体及绝缘子在运行中的巡视和检查

导体与绝缘子的检查可在每次检查其他配电设备时同时进行。

1. 硬母线巡视检查

巡视检查硬母线时，主要查看有无明显松动或振动，各接头有无发热变黑现象，具体如下：

（1）母线各部接头温度不超过允许值，一般允许值为 70℃，最高为 80℃（过去用试温蜡片，现可用远红外测温仪，但是要遵守使用规定）。封闭母线最高允许温度 90℃，外壳最高允许温度 60℃，母线接头允许温度不大于 100℃。

（2）母线上无积灰、脏污，表面相色漆应清晰明显，无开裂、起层、变色现象，各部位试温片无熔化现象。

（3）螺栓连接的接头应拧紧，垫圈齐全，停电检查时，0.05mm 塞尺局部塞入深度不超过 5mm；焊接接头无裂纹、烧毛现象；铜铝搭接的母线其接头无锈蚀现象。

（4）母线伸缩节两端接触良好，能自由伸缩，无断裂现象。

（5）运行中无较大的振动声。

（6）母线固定用绝缘子及套管清洁完好，无开裂，绝缘良好。

2. 软母线巡视检查

巡视检查软母线时，主要查看有无断股、摆动及发热现象，具体如下：

（1）母线表面应无断股和松股现象，光滑整洁、颜色正常，无发热、变色、锈蚀、变形、损伤或闪络烧伤。

（2）运行中无严重的放电声响和成串的荧光，导线上无搭接的杂物。

（3）母线无过紧过松现象，无剧烈摆动现象。

（4）高温大热天时弧垂适宜。

（5）母线的连接部位应紧固，无锈蚀、断裂、过热现象。

（6）耐张绝缘子串连接金具应完整良好。

（7）各种线夹和线夹上钢制镀锌零件无损坏。

（8）检查绝缘子串上无积灰、脏污、裂纹，各部件开口销、销子齐全无损坏。

3. 电力电缆巡视检查

电力电缆在运行中主要应监视电缆的负荷不得超过其额定电流，同时应监视电缆的温度，不允许超过规定数值。高压电缆在运行中，禁止值班人员用手直接触试电缆表面，以免发生意外。

（1）电缆各部分无机械损伤，电缆钢铠外层无锈蚀现象，无漏油、漏胶现象，金属屏蔽皮接地良好。

（2）电缆终端头的接地线接触良好。

（3）电缆芯线与所连接设备的接触良好，无发热及脱焊现象，电缆温度不得超过允许值。

（4）电缆终端头及其瓷套管应完整、干净，无裂纹及放电现象。

（5）电缆终端头无漏油现象。

（6）电缆终端头绝缘胶足够，无水分、裂纹、变质及空隙。

（7）电缆铅包无腐蚀现象。

（8）检查充油式电缆油压是否正常。

（9）电缆隧道及电缆沟内支架必须牢固，无松动或锈烂，接地良好。

（10）检查电缆无异味。

4. 绝缘子巡视检查

绝缘子在运行中发生一些不正常现象，如瓷质发生裂纹、掉块、放电等，只要仔细观察，缺陷是可以被发现的。

巡视检查中应注意以下几点：

（1）绝缘子表面清洁，无杂物，无严重脏污现象；

（2）绝缘子无破损，表面无裂纹；

（3）金具是否有生锈、磨损、变形情况，开口销、弹簧销有

无缺损情况;

（4）仔细倾听绝缘子有无放电声响，夜间应熄灯观察有无闪络放电现象，若有闪络痕迹应做好记录，待停电后进行处理;

（5）检查支持绝缘子铁脚螺丝是否齐全;

（6）气候异常时还应进行特殊检查。

五、高压开关柜运行中的巡视检查

（1）断路器和隔离开关间连锁装置是否灵活可靠，若为电磁连锁装置则通电检查电磁锁动作是否灵活、正确;

（2）母线和连接点是否过热;

（3）断路器油位是否正常，油色是否变深，有无渗油漏油现象;

（4）柜内各元器件无异常声音和气味;

（5）仪表、信号、灯等指示正确，继电保护连接片位置正确，继电器及直流设备运行良好;

（6）接地、接零装置连接线无松脱和断线现象，通风、照明、防火装置正常。

为防止触电，高压断路器柜门不能随意打开，如要检查断路器油位、油色、漏油等，可由柜板面上的玻璃观察孔查看。

六、低压断路器运行中的巡视和检查

（1）检查断路器与母线、出线的连接处应无过热变黑现象，触头应无过热及烧伤痕迹;

（2）监听断路器运行中有无异常声音;

（3）检查消弧罩应完好，无喷弧痕迹和受潮、破裂、松动现象;

（4）检查传动装置与相间绝缘主轴的工作状态：传动机构有无变形、锈蚀，销子连杆完整、无断裂现象，操作手柄等良好，相间绝缘主轴无裂纹、表层剥落、烧痕及放电现象，机构传动正常，分、合闸状态与辅助触点所串接的指示灯信号相符;

（5）对电动合闸的断路器，检查合闸电磁铁及电动合闸机构良好，跳合闸线圈无焦味、冒烟和烧伤现象;

（6）定期检查各脱扣器的电流整定值和延时，对半导体脱扣器应定期用试验按钮检查其动作情况；

（7）检查断路器的正常最大负荷是否超过断路器的额定值；

（8）机械挂钩良好，储能机构良好。

七、低压刀开关运行中的巡视和检查

（1）负荷电流是否超过刀开关的额定值；

（2）触头和刀开关接触处有无过热现象；

（3）触头有无烧伤现象，灭弧装置是否清洁完好，触头接触应紧密良好；

（4）绝缘连杆、底座无损坏和放电现象；

（5）操动机构动作灵活，分、合闸位置到位，各机械附件均正常；

（6）所带熔断器完好，熔体额定电流与负荷相配，能起保护作用。

八、交流接触器运行中的巡视和检查

（1）检查最大负荷电流是否超过接触器的额定电流；

（2）检查接触器各紧固件无松动脱落现象，无过热现象；

（3）触头系统工作应良好；电磁铁吸力正常，无错位现象；

（4）灭弧罩及内部附件完好，无烧损、变形现象；

（5）内部无异常声响，如放电声、电磁噪声；

（6）接触器线圈温升不应超过 65℃，无过热、老化现象；

（7）接触器的分、合信号指示应与电路实际状态相符；

（8）接触器周围通风应良好，无导电尘埃，无振动源。

九、熔断器运行中的巡视和检查

熔断器本体的巡视检查项目基本与隔离开关相同，具体如下：

（1）检查负荷情况是否与熔体的额定值相配合；

（2）检查熔断器外观无破损、变形现象，瓷绝缘部分无破损和闪络放电痕迹；

（3）检查熔丝管与插座的接触处无过热、变色现象；

（4）对有信号指示的熔断器检查其熔断指示是否保持正常（指

示器未跳出或通过检查电压互感器二次侧指示是否正常来判断）；

（5）载流部件各接头接触良好，底座无松动现象，卡片弹力适当，不得过紧或过松，以免不宜跳开或自动脱落；

（6）熔断器在每次熔断后应检查熔体管，若烧坏应更换新的。

另需注意：要按规定定期更换熔体和熔体管，更换熔体时不能采用自制熔体，不可用低压熔体代替高压熔体，以免引起非选择性动作等故障，破坏正常供电。一般情况下不应带负荷操作跌落式熔断器；分断操作时要先拉跌落式熔断器中相，再拉下风边相，最后拉上风边相，合闸时顺序正好相反；操作时应戴绝缘手套和护目镜，且不得用力过猛。

十、低压配电屏运行中的巡视检查

（1）屏内电器元件干燥、清洁，各部接线牢固，无松动现象，接地可靠；

（2）开断元件及母线有无温升过高或冒烟、异响、放电等异常现象；

（3）断路器主触头表面有无烧损现象，开关电器的辅助触点动作应完好；

（4）各继电器整定值应符合要求；

（5）按钮动作灵活可靠；

（6）抽屉内一、二次插件插接可靠，抽屉进出灵活，无卡滞现象，抽屉闭锁装置可靠。

第三节　配电装置不正常运行与事故处理

一、断路器故障及事故处理

断路器由于制造缺陷、运行维护不当或检修不及时、检修质量不过关等原因，会发生故障。断路器常见故障有断路器拒绝合闸、拒绝分闸、自动误跳闸等，油断路器还有异响、喷油、着火等故障，SF_6 断路器还有漏气、SF_6 气体外逸等故障，真空断路器还有真空度降低、异响等故障。

发现故障后，由检修专责人员按工作制度动手处理，运行值班人员配合。

1. 断路器拒绝合闸

现象：合闸合不上。

处理：在检修专责人员主持下，从断路器本身和操作回路两方面检查，按以下各项排查故障。

（1）检查直流电源电压是否合格。

（2）根据合闸回路接线一一检查各对触点。

（3）合闸线圈、合闸接触器及其熔断器良好否。

（4）操作把手、连杆、端子处有无异常，是否联动。

（5）机构箱内辅助触点接触是否良好。

（6）操作控制开关触点接触是否良好。

（7）拉开附属的隔离开关，到现场进行手动合闸试验检查。

（8）合闸机构有无卡涩现象，连接杆是否脱钩。

（9）若为液压操动机构则还需要检查其液压是否合格。

（10）若为弹簧操动机构则需要检查合闸弹簧是否储能良好。

2. 断路器拒绝跳闸

现象：断路器拒跳。

处理：按以下各项排查故障。

（1）应立即到现场手动断开断路器，然后查明原因。

（2）查看跳闸二次回路图进行分析。

（3）若手动也不能断开，可考虑用串联断路器断开电源，然后检查：控制电源电压是否正常 $[(85\%\sim110\%)\,U_N]$；分闸回路中元件有无接触不良及断路现象；分闸线圈是否损坏；操作机构有无问题；分闸铁芯顶杆有无卡位现象等。

3. 断路器自动误跳闸

现象：断路器自动误跳闸且保护未动。

处理方法如下：

（1）必须查明原因，若为人为误动则应立即联系合闸。

（2）若为自发性跳闸，则断开断路器两侧隔离开关，以手动缓慢合闸，检查开关挂钩是否良好；检查操作回路绝缘损坏否，直流是否发生接地。这些检查须在不带电情况下进行。

4. 油断路器声音异常

现象：内部有异常的放电"劈啪"声或似水开时的"咕噜"声。

处理方法如下：

（1）应尽快从系统回路上将断路器停电，然后将断路器两侧的隔离开关拉开。

（2）对退出运行后的断路器进行认真仔细的内部检查和油分析试验，以判断故障性质并处理。

5. 油断路器喷油

现象：切断故障电流后严重喷油冒烟或爆炸。

处理方法如下：

（1）若严重到爆炸起火，应迅速将断路器与无故障部分隔离，先使该断路器停电隔离。切断断路器各侧电源后灭火。

（2）同时应报告调度，断路器禁止盲目强送或试送。

（3）检查断路器油量、油质。

（4）检查灭弧室有否堵塞现象。

（5）检查断路器触点熔焊情况。

（6）检查分合闸行程、分闸速度等。

（7）排除故障后方可再投入运行。

6. 油断路器严重缺油

现象：油断路器无油位指示。

处理方法如下：

（1）立即断开缺油断路器的操作电源，并在其操作把手上挂"不许拉闸"标示牌。

（2）从系统上使断路器停电。

（3）做好安全措施由专责人员加油。

7. SF_6 断路器漏气故障

现象：密封面紧固螺栓松动渗漏、焊缝处气体渗漏、压力表渗漏、瓷套管破损气体渗漏。

处理：若漏气发出操作闭锁信号时，应立即停用故障断路器。相应地进行螺栓紧固或更换密封件、补焊或刷漆、更换压力表、更换新瓷套管，并进行补气。

8. SF$_6$断路器本体绝缘不良，放电闪络故障

现象：磁套管严重污秽或磁套管炸裂。

处理：清理污秽及其异物，更换合格磁套管。

9. SF$_6$断路器气体外逸

现象：漏气报警，SF$_6$断路器意外爆炸或严重漏气。

处理方法如下：

（1）尽量选择从上风口接近设备，并立即投入全部通风装置。

（2）事故后15min内不准进入室内。

（3）15min后、4h内，进入室内须穿防护衣，戴防毒面罩。

（4）遭受外逸气体侵袭人员应立即清洗后送医院治疗。

10. 真空断路器异响

现象：真空灭弧室发出真空损坏的"咝咝"声。

处理：值班人员向上级汇报申请停电处理。

11. 真空断路器接触电阻过大

现象：触点接触面磨损严重。

处理：进行触点调整，并检测真空灭弧室真空度，必要时更换真空灭弧室。

12. 真空断路器灭弧室漏气

现象：真空度下降，分闸时弧光呈橙红色。

处理：及时更换真空灭弧室。

13. 断路器出线端子连接处发热严重或熔化

现象：断路器端子与连接线连接处示温片熔化。

处理：立即停用故障断路器，确定过热原因并在重新连接时针对原因采取相应的改进措施。

14. 液压操动机构严重泄漏

现象：液压操动机构压力下降发出操作闭锁信号。

处理：立即将断路器作停电处理，并进行检修。

二、隔离开关常见故障及事故处理

隔离开关常见故障有接触部位过热、绝缘子闪络、操作卡位等。

1. 隔离开关接触部位过热

现象：变色漆、隔离开关刀片颜色变黑或试温片显示过热（部件松动、刀闸合得不严，或有熔焊现象）。

处理：做好记录，通知检修专责处理。

2. 隔离开关绝缘子闪络

现象：绝缘子脏污、裂纹造成爬电或闪络。

处理：做好记录，通知检修专责处理。

3. 隔离开关刀片弯曲

现象：刀片两端接触部分的中心线不重合，刀片弯曲。

处理：做好记录，通知检修专责处理。

三、互感器常见故障及事故处理

（一）电压互感器

电压互感器常见故障有熔断器熔断、断线及短路等。

一、二次熔断器熔断及断线现象：发出"TV 回路断线"光字牌信号及故障铃声。

处理方法如下：

（1）若故障引起继电保护与自动装置误动作，则短时退出与此 TV 有关的继电保护与自动装置。

（2）尽可能根据其他仪表指示对设备进行监视，并尽可能不改变设备运行方式。

（3）仔细检查一、二次熔断器是否熔断，若为二次侧熔断器熔断，则应先更换二次熔断器，如果二次熔断器再次熔断，则应通知检修专责人员来处理。若一次侧熔断器熔断，则通知检修专责人员来处理。

（4）若是自动励磁装置用互感器一次熔丝熔断，则短时停用自动励磁装置，再通知处理。

（二）电流互感器

电流互感器常见严重事故有二次开路、温度过高等。

1. 电流互感器二次开路

（1）现象如下：

1）有关电流表、电功率表指示零或降低，电能表不转或转慢；

2）若是差动回路，则差动回路断线信号发出；

3）电流互感器有鸣叫声。

（2）处理：现场检查确认，并申请报告处理。

2. 电流互感器温度过高

现象：有焦味、冒烟或冒火花等。

处理：立即报告请示，申请停电处理。

四、母线、电缆和绝缘子常见故障

母线和绝缘子常见故障有母线连接处发热、绝缘子闪络等。

1. 母线连接处发热

现象：发热部位变色（变色漆或试温片、红外线测温仪显示过热）。

处理：设法降低流经发热处的电流，发热严重时应尽快将负荷转移到备用母线上，将发热母线申请停电检修处理。

2. 绝缘子闪络

现象：绝缘子表面闪络。

处理：现场确认后，记录、报告申请停电处理。

3. 绝缘子爬电痕迹

现象：绝缘子表面有爬电痕迹。

处理：现场确认后，记录、报告申请停电处理。

4. 电缆绝缘损坏

现象：电缆老化，铅包明显鼓胀、裂纹或漏油。

处理：现场确认后，记录、报告申请停电处理。

5. 电缆头漏油、放电、受潮

处理：现场确认后，记录、报告申请停电处理。

五、低压断路器等常见故障

低压断路器常见故障有连接处过热、触头严重烧灼、绝缘部分闪络、拒绝动作等。

运行人员针对性地加强巡视检查，做好记录，根据具体情况，通知检修专责人员即时或安排检修处理。

第四节 防雷与接地系统巡视检查

雷电是大气中的放电现象。雷电冲击电压高达数十万至数百万伏，轻则会毁坏电气绝缘，造成大面积、长时间的停电；重则会引起火灾、爆炸和人身伤亡事故，因此要采取措施进行雷电防护。

水电站遭受的雷害可分为直击雷、感应雷及雷电侵入波三种。根据它们的各自特点，可采用不同的方法进行防护。

对直击雷往往用架设避雷针、避雷线、避雷网和避雷带进行保护。这些避雷装置由接闪器、引下线和接地装置组成。高耸的针、线、网、带均是接闪器，放电时，由于雷电具有迎面先导的特点，而接闪器比被保护物高出很多，首先承接雷击，强大的雷电流通过阻值很小的引下线及接地体泄入地中，使被保护设施免受雷击。

为防止感应过电压对电气设备的危害，水电站一般采取将各配电装置尽量远离独立避雷针或较高建筑物，降低接地电阻值，对架空引出的无屏蔽的发电机电压母线上用装设电容器等措施防护。

为防止静电感应过电压，往往考虑将建筑物内的金属设备、金属管道及结构钢筋等可靠接地。接地装置可以与其他装置共用，接地电阻不应大于 $5\sim10\Omega$。

对侵入波主要是通过装设避雷器来防护。避雷器装设在被保护物的引入端或母线上，其上端接在线路或母线上，下端接地。雷击时，避雷器间隙击穿，雷电流通过避雷器及其引下线和接地装置入地，被保护物得到保护。水电站常用避雷器有管型避雷器、阀型避雷器和金属氧化物避雷器等。

总之，各种各样的防雷方法和防雷装置，大多是利用雷电迎面先导的特点，将雷电引向防雷装置，而后通过接地引下线将雷电引入大地，从而使线路、厂房或设备等得到保护。所以防雷装置离不开接地装置，它必须和接地装置配合才能发挥作用。

一、防雷系统巡视和检查

应定期对防雷装置进行安全检查。10kV 以下防雷装置每 3 年检查一次。但每次雷雨过后，应注意对防雷保护装置的巡视。避雷器应在每年雨季前进行一次检查维护和试验。

检查包括外观检查和测量两个方面。外观检查主要是检查避雷器瓷质完好；接闪器、引下线、接地体等各部分的连接是否牢固；检查各部分腐蚀和锈蚀情况，若腐蚀和锈蚀超过 30%以上，应给予更换；接地部分应良好且接地电阻符合规定要求；避雷器与被保护设备之间的电气距离是否符合标准；定期抄录放电记录器所指示的避雷器动作次数等；并检查确认雷雨季节前是否按规程做了预防性试验。

1. 避雷针和避雷线巡视和检查

（1）检查避雷针、避雷线及其接地线有无机械损伤及锈蚀现象。

（2）检查导电部分的电气连接处是否连接良好（可用小锤轻敲检查，发现有接触不良或脱焊等现象，应立即修复）。

2. 管形避雷器巡视和检查

（1）检查外壳有无裂纹、机械损伤及绝缘剥落等现象。

（2）检查安装位置是否正确，开口端是否向下。

（3）检查外间隙的电极距离有无变动，是否符合要求；检查排气孔是否被杂物堵塞。

3. 阀型避雷器巡视和检查

（1）检查瓷绝缘套管是否完整，表面有无严重的污秽。若有须及时清扫，以免影响避雷器灭弧性能。

（2）检查瓷套管与法兰的混凝土结合缝是否严密，避雷器上端引线处密封是否完好。

（3）检查避雷器引线及引下线有无烧痕或断股现象，动作记录仪是否烧坏，指示数有无改变，判断避雷器是否动作。

（4）检查避雷器与被保护设备间的电气距离是否符合规定要求。

（5）当阀形避雷器存在缺陷时，应进行电气试验及检修。电气试验主要项目有：①接地部分接地电阻测量；②标称电流下的残压试验；③工频放电电压试验；④电导电流或泄漏电流试验；⑤密封试验等。

4. 金属氧化物避雷器巡视和检查

（1）检查瓷绝缘套管是否完整和有无裂纹，密封垫圈老化开裂否，表面有无严重的污秽，磁套座是否进水受潮。

（2）避雷器接线端及接地端接触良好。

（3）避雷器动作器指示正常。

二、防雷装置故障及事故处理

防雷装置常见故障有避雷器套管绝缘受损、避雷器动作指示器烧毁等。

1. 避雷器套管绝缘受损

现象：套管有裂纹、爬电现象。

处理方法如下：

（1）向有关部门申请停电。

（2）将故障相避雷器退出运行，更换合格的避雷器，若无备品可暂时在瓷套裂纹处涂漆或环氧树脂，待有备品后再换下。

（3）若在雷雨中发现瓷套有裂纹，应尽可能不使避雷器退出运行，待雷雨后处理；若瓷套已经发生闪络，但未引起接地，则在可能时将故障相避雷器停下。

（4）若同时发现避雷器内部有异音或套管有炸裂现象并引起接地，则工作人员应避免靠近避雷器，而用断路器或人工接地转移断开避雷器。

2. 避雷器动作指示器烧毁

现象：指示器内部烧黑，引下线连接点上有烧痕或烧断。

处理：应及时对避雷器做电气试验或解体检查。

3. 金属氧化物避雷器爆炸

现象：金属氧化物避雷器爆炸。

处理：密封不良引起受潮、单相接地或谐振过电压作用，先天性设计不合理等都会导致爆炸事故。更换避雷器并在避雷器下部安装脱离器，以使避雷器遭受异常电压作用时能及时脱离电网。

另外应注意的事项如下：

（1）若在雷雨时防雷装置异常，要待雷雨后再处理。

（2）若发现避雷器内部有异常声响或套管炸裂引起接地故障时，值班人员避免靠近，按规程要求，先将故障避雷器退出运行，再报告并通知检修专责人员处理。

（3）阀型避雷器爆炸但未造成永久性接地，则可在雷雨过后拉开隔离开关避雷器退出运行并更换新避雷器；若阀型避雷器爆炸且造成永久性接地，则严禁通过拉开隔离开关使避雷器退出运行，只能用断路器断开，按处理接地故障的办法处理。

（4）运行中避雷器接地引下线连接处有烧熔痕迹时，可能是内部阀片电阻损坏而使工频续流增大，应使避雷器停电退出运行，并进行电气试验。

第五节　接地装置巡视与检查

电气装置必须接地的部分与大地作良好的连接称为接地。埋设在地中并直接与大地接触的金属导体称为接地体。将电气设备的接地部分与接地体连接起来的金属导体称为接地线。接地体和接地线总称为接地装置。

电气设备的接地分为保护接地和工作接地两大类。保护接地又分为保护接地和保护接零。保护接地是将电气设备外壳、配电装置的构架、杆塔等有可能由于绝缘损坏而带电的金属部分与接地体作良好连接。保护接零是在中性点直接接地的低压电力网中，将电气设备的金属外壳和电源变压器的接地中性线（零线）连接。而工作接地是为了正常工作或排除事故的需要，将系统中的某些点进行工作接地，如110kV及以上中性点接地，变压器低压侧星形连接时中性点接地，电压互感器一次侧中性点接地及避雷装置接地等。水电站中保护接地和工作接地常常共用一套接地装置。

不同用途和不同电压等级的电气装置一般均有规定的接地电阻值，当它们共用一套接地装置时，接地电阻应符合其中最小值的要求。水电站中主接地网的接地电阻值，110kV电压级为0.5Ω，35kV电压级为4Ω。弱电设备如计算机监控系统接地网的接地电阻，一般不应超过1Ω。

一、电气装置必须接地的范围

1kV及以上的电气装置在各种情况下均应采用保护接地；1kV以下的电气装置，若中性点直接接地时应采取保护接零，若中性点不直接接地则应采取保护接地。

下列电气装置的金属部分应保护接地或保护接零：

（1）电气装置外壳；

（2）电流互感器、电压互感器的二次绕组；

（3）开关柜、配电屏、动力箱、控制屏等屏柜的外壳及基础；

（4）屋外配电装置的金属构架及靠近带电部分的金属围栏和金属门；

（5）电缆接线盒、终端盒的外壳和电缆的外皮；

（6）各电缆或电线的金属保护管；

（7）装有避雷线的线路杆塔；

（8）安装在配电线路杆塔上的开关设备、电容器等电力设备外壳。

二、接地系统巡视和检查

每年雨季前应对接地装置进行一次检查，具体内容如下：

（1）设备接地部分、接地线的连接线卡及跨接线、接地引下线和接地体间连接良好，无折断、机械损伤及化学腐蚀等现象；

（2）接地支线和接地干线的连接是否牢固；

（3）重复接地线、接地体及其连接处应完好无损；

（4）各种接地标志齐全、明显；

（5）检查接地螺栓是否牢固，焊接处是否牢固、有无脱焊现象；

（6）人工接地体周围地面上，不应堆放及倾倒有强烈腐蚀性的物质；检查接地引下线周围地下 0.5m 左右地线受腐蚀程度，腐蚀严重者应更换；

（7）接地装置的防锈漆（或热镀锌）应完好；

（8）接地点土壤是否受外力影响而松动；

（9）测量接地电阻是否符合标准。

另需注意接地装置在巡视中发现以下情况之一，应设法予以修复：

（1）接地电阻值超过规定值；

（2）接地线连接处开焊或连接中断；

（3）接地线与用电设备压接螺丝松动，压接不实或接触不良；

（4）接地线有机械损伤、断股、断线及腐蚀严重；

（5）地中埋设件被水冲刷或由于挖土而裸露地面。

三、接地系统故障及事故处理

发现接地装置故障后，应记录并报告，并通知专责人员处理，其常见故障如下：

1. 接地体接地电阻增大

处理：一般因接地体严重锈蚀或接地体与接地干线接触不良引起，应更换接地体或紧固连接处的螺栓或重新焊接。

2. 接地线局部电阻增大

处理：一般为连接点的接触面存在氧化层或污垢引起，应重新紧固螺栓或清理氧化层和污垢后再拧紧。

3. 接地体露出地面

处理：把接地体深埋，并填土覆盖、夯实。

4. 接地线有机械损伤、断股或化学腐蚀现象

处理：应更换截面较大的镀锌或镀铜接地线，或在土壤中加入中和剂。

5. 接地网中零线带电

处理：查看是否由于线路上电气设备绝缘破损漏电引起；线路上是否一相接地；零线是否断裂；电网中是否个别设备保护接地，个别设备一相一地制；变压器低压侧工作接地处接触是否不良，三相电流是否平衡。对症采取相应措施。

6. 连接点松散或脱落

处理：重新连接或紧固。

第六节 电气主接线运行

电气主接线是水电站、变电站中发电、输电和分配电能的电路，称为一次接线，包括发电机、变压器、母线、断路器、电流互感器、电压互感器、避雷器、消弧线圈及输电线路等有关电气设备。电气主接线图是电力生产运行和调度管理的指挥图。在水电站现场挂置的模拟图，表明电站各设备的实时运行实际状态，哪些设备在运行，哪些设备在备用，哪些设备在停电检修，模拟图都完全与现场实际一致。

一个水电站电气主接线在发电过程中的运行方式，要考虑到电站厂内微观经济效益和技术要求，更要服从于大电网的宏观经济效益和大电网的技术安全可靠性要求。在丰水期间，并入电网的每一个水电站都从本站微观经济效益出发，力争开出全部机组24h满发多供。但是，从电网的宏观经济和技术的可能性合理性出发，这是不能完全做得到的。电网不仅受到用户负荷日夜变化高峰低谷的制约，要考虑上网火电和水电的合理配置，以保证技术上的合理性、电网安全的可靠性，还要考虑各水电站河流的水文特性，以及各水电站所在河道洪水预报的时效性，也要考虑每个水电站在大电网中的地位和重要性等。如某水电站所在区域天

气预报有大暴雨到来，电网调度部门就必须优先安排这个水电站尽量24h满发，充分利用水能，节约火电煤、油消耗。这样，其他水电站开机并网就要受到限制，特别在晚班、早班低谷负荷出现的时段更是如此。

就一个水电站内部微观方面考虑，运行方式应考虑下述因素：

（1）机组计划停机检修应安排在枯水季节，以保证丰水期设备完好，为满发创造最好的条件。

（2）丰水期尽量全部开机满发，充分利用水力资源为国家节约煤、油等一次能源。

（3）及时准确做出本水电站所在来水流域的长期和短期天气预报工作，掌握雨情水性，及时向电网调度部门报告，尽量不要让水白白弃掉，而是将水用于发电生产，创造水力资源利用的最大化。

（4）力争避开洪峰，即在洪水到来之前尽量把水库的水能通过发电转换为电能，转换为经济价值，在洪峰之前尽量发电放空水库，迎接拦洪蓄水储能。

（5）及时与电网调度部门联系，力争按本水电站经济效益最大化开机运行。但是一般来说，电网调度中心要从整个电网安全运行考虑，不可能按上网的各个水电站本身经济效益最大化安排运行。大电网运行调度是一个复杂的系统工程，这里关系到整体与局部的关系，作为孤立电站的本身，应服从于整体的效益和安全考虑。

（6）根据本水电站在大电网里的地位和重要性，按电力调度部门命令，适时开机和停机或及时调整负荷。如果是担负基荷的水电站，则开机比较稳定，如果是调峰水电站，则高峰与低谷负荷时，可能一天24h开机和停机都有变化，运行人员要及时做好预案的运行准备工作。

🏮 第七节　厂用电运行

水电站在电力生产过程中，有大量的电动机拖动的机械设备，如水泵、油泵、空压机、闸阀等，用以保证主设备和辅助设备的正常运行。这些电动机负荷以及水电站内的照明、控制保护设备的供电、运行操作、试验、修配等用电设备的总耗电量，统称为厂用电。

厂用电是非常重要的，厂用电运行正常与否，将直接影响电能的生产。对中小型水电站，其厂用电接线相对较为简单，一般采用低压供电网络供电，所以厂内有 0.4kV（380/220V）的厂用电源，以供给厂用电动机及照明用电。为保证厂用电源正常运行，对厂用电源及厂用电的负荷应遵守如下规定：

（1）厂用电应由专门的变压器供电，变压器容量的大小，应根据厂用电量的情况进行选择，对一般小型水电站，厂用变压器的容量为 30~100kVA 之间。

（2）厂用变压器不供厂外用电（包括水电站的生活区）。如必须暂时供给厂外（如水电站生活区）用电时，时间不能过长，且应有专人进行监护。

（3）厂内采用携带式的临时局部照明时，应用行灯变压器，其二次侧电压不得超过 36V。同时，行灯变压器的一次侧应装隔离开关和熔断器，绝对不允许将行灯变压器的一次侧直接搭在380/220V 的电源上，更不得将携带式的照明直接搭在 220V 的电源上。

（4）厂用电的主要负荷是厂用电动机（水泵、油泵、闸阀等），厂用电动机应经常处于完好状态，其绝缘电阻应合格。

（5）厂用电应有备用电源，当厂用电源失去时应迅速地自动投入备用电源。必要时应装设备用电源自动投入装置。

（6）在切换厂用电源时应注意相序的一致，防止厂用电动机反转。

（7）为保证厂用电的正常运行，厂用变压器及其附属设备应做到定期检查和试验。检查和试验项目应按运行规程有关规定进行。

第五章

调速系统及励磁系统运行

🌢 第一节 水轮机调速系统基本参数

调速系统为水轮机导叶开度控制系统，调整导叶开度可调节机组转速或有功功率。

调速系统是水轮机的最重要的组成部分，它的安全可靠程度对水轮发电机组有着举足轻重的影响。在实际运行中，水轮发电机组有很大一部分故障是由调速系统引起或由调速系统故障造成的，如溜负荷、过负荷、转速摆动等。因此，必须加强调速系统的运行维护，提高其运行的安全可靠性。

一、调速器基本类型

调速系统由调速器和操作油源（油压装置）组成。油压装置由压力油罐（压油槽）、集油槽（回油箱）、带电动机的油泵、补气装置、阀组（减载阀、止回阀、安全阀）等组成。而调速器依采用手段的不同，主要有机械型，如 T-100、CT-40、YT-100 等；电气液压型，如电子管式的 DT 型、晶体管式的 BDT 型、集成电路式的 JST 型、微机式的 WT 型、以可编程控制器为基础的 PLC 型等。

二、调速系统基本参数

（1）调速系统的工作容量（调速功）：在额定油压下，主接力器走完一次全行程所做的功。

（2）接力器容量：接力器的有效工作容积。

（3）主配压阀直径：主配压阀活塞外径。

（4）接力器最大行程：接力器自全关至全开的行程。

（5）接力器直线关闭时间：接力器以恒定关闭速度，走完全行程所经历的时间。

（6）接力器直线开启时间：接力器以恒定开启速度，走完全行程所经历的时间。

（7）接力器不动时间：被调量或指令信号按规定形式变化起至引起接力器开始移动时刻止的时间。

（8）转速死区：指令信号恒定，不引起调节作用的两个被调量相对偏差之间的最大区间。

（9）永态转差率 b_P：接力器走完全行程时转速相对值之差。

（10）暂态转差率 b_t（缓冲强度）：调节器比例作用的倒数。

（11）积分时间常数 T_i（缓冲时间常数 T_d）：调节器积分作用时间常数。

（12）微分时间常数 T_n：调节器微分作用时间常数。

（13）额定油压：压力油罐内的设计值。

（14）名义工作油压：正常运行条件下最高最低工作油压之平均值。

（15）最低油压：接力器能推动负载所需最低油压。

（16）事故油压：油压达到实行紧急关闭时的值。

（17）事故油容积：达到事故油压时，压油罐中油面下的容积。

（18）有效油容积：正常运行条件下，油压为最低工作油压时，压油罐中油面下的容积。

（19）剩余油容积：达到事故油压并完成事故关闭后，压油罐中油面下的容积。

第二节　调速系统运行与监视

调速系统在投入运行前必须经过检查试验，证明其完全合格。

一、投入运行前检查项目

（1）检查设备外观应完好，无缺损；焊点光滑，无毛刺、掉线及虚焊情况；螺栓紧固无松脱。

（2）各控制开关操作灵活无卡滞，接触良好紧密，指示方向标志清楚。

（3）主要零部件和元器件参数应与设计图纸相符。

（4）检查各插件端子接触是否紧密良好，插件导轨固定是否牢固。

（5）各标志牌完整、正确。

（6）全部表计均经过检验，并做正常运行标记。

（7）各管路、接头密封良好，无漏油现象。

（8）各活动部件动作灵活，无卡滞现象。

（9）各油泵启停正确。

（10）各油槽油位正确，油质清洁。

（11）接力器内无空气。

二、投入运行前试验项目

1. 油压装置试验

（1）油泵启停试验；

（2）自动补气试验。

2. 调速器试验

（1）参数调整与整定；

（2）静特性试验；

（3）动态模拟试验；

（4）空负荷特性试验；

（5）开机特性试验；

（6）负荷特性试验；

（7）甩负荷试验。

三、调速系统运行与监视

（1）运行中的调速器应稳定，其主配压阀、引导阀、主接力器无异常抽动或跳动。

（2）电调的电液转换器应有微小振动，且无发卡现象。

（3）机调的同步电动机及飞摆无异常声响，电动机温度正常。

（4）调速器的各杠杆、传动装置传动应灵活、平稳，各部分销钉、螺丝无松动、脱落。

（5）各管路、接头、密封面无渗漏。

（6）调速器内部各电气接线无断线、破损。

（7）调速器电气部分及各表计指示正常，平衡表指示在零位附近。

（8）压油槽的油面在正常红线位置，油压正常。

（9）集油槽油位在正常红线位置。

（10）压力继电器压力整定正确，压力信号器的触点无豁接。

（11）油压装置的两台油泵分别在自动和备用位置，油泵运行时声音正常，无剧烈跳动。

（12）安全阀组动作正常，无卡滞。

（13）油泵电动机外壳及轴承温度正常，其启动装置运行时无异常声响，启动或停止时无跳动。

（14）调速系统用油要按规定进行定期维护，油压装置的工作油泵和备用油泵要定期进行切换。

（15）定期切换双滤油器，并对备用滤网进行清洗、检查。

（16）调速器内的油压表指示正常，当指示值比实际值低 0.2MPa 时，应切换滤油器，并将退出的滤油器进行清洗。

第三节　发电机励磁系统工作参数

励磁系统是同步发电机的最重要的组成部分，它的安全可靠程度对发电机有着举足轻重的影响。据调查，发电机的故障有三分之一以上是由励磁系统引起或由励磁系统故障造成的。因此，提高励磁装置的可靠性和励磁系统运行水平，对提高发电机组的运行安全性有着重要的意义。

一、励磁系统一般形式与基本原理

励磁系统的任务是提供发电机转子励磁电流，以调节发电机的电动势，从而达到调整发电机端电压或机组无功功率的目的。

（一）励磁系统种类

1. 依获得励磁能源方式的不同分类

（1）他励式励磁系统。励磁能源取自发电机本体以外的直流励磁机、交流励磁机或永磁发电机等。

（2）自励式励磁系统。励磁能源取自发电机本体内的一个绕组（常称为副绕组、谐波绕组等）或经机端变压器取自身发出的电源。

2. 依获得直流的主电路不同分类

（1）静止式励磁系统。

（2）旋转式励磁系统。其整流器是旋转的，一般装在发电机大轴内，因而取消了电刷和集电环，故又称无刷励磁系统。

3. 依整流器的性质不同分类

（1）不控整流。

（2）半控整流。

（3）全控整流。

（二）励磁系统基本组成

但无论何种励磁方式，励磁系统的基本组成是相同的。它们主要由以下几部分组成：

（1）励磁能源：为励磁系统提供励磁功率。

（2）功率器件：用于进行 AC/DC 或 DC/DC 变换。

（3）自动调节器：用于反映发电机端电压与负荷电流的变化，并控制功率器件，以调整励磁电流的大小。

（4）手动调节器：作为自动调节器的补充和后备保护。

（5）灭磁电路和转子过电压保护。

（三）常用励磁系统基本形式

（1）直流励磁机励磁方式。

（2）交流励磁机励磁方式。

（3）旋转励磁方式。

（4）静止励磁方式。

二、励磁系统基本参数

（1）励磁装置额定容量：满足发电机正常运行和强励时需要的容量。

（2）励磁装置额定电压：满足发电机正常运行带额定负荷时的励磁电压。

（3）励磁装置顶值电压：在规定的条件下，励磁装置所能输出的最高直流电压。

（4）强励倍数：励磁装置的顶值电压与励磁装置额定电压的比值。

（5）整定电压：励磁调节器自动保持的发电机端电压。

（6）整定电压范围：整定电压可能调节的范围。

（7）发电机空负荷励磁电压：发电机空负荷建立额定电压时的励磁电压。

（8）发电机满负荷励磁电压：发电机带额定负荷时的励磁电压。

（9）发电机空负荷励磁电流：发电机空负荷额定电压时的励磁电流。

（10）发电机满负荷励磁电流：发电机带额定负荷时的励磁电流。

（11）励磁绕组冷态直流电阻及热态直流电阻：冷态指 20℃，热态指 75℃。

（12）励磁装置电压调差率：发电机功率因数为 0 的状态下，无功负荷电流从 0 变化到额定电流时电压的变化率，即

$$D = \frac{U_0 - U_N}{U_N} \times 100\% \qquad (5\text{-}1)$$

式中　D ——电压调差率；

U_0 ——对应于无功功率为 0 时的发电机端电压；

U_N ——对应于无功功率为额定功率时的发电机端电压。

（13）励磁装置电压响应时间：在初始值预先设定的条件下，励磁电压达到顶值电压的 95% 时所需的时间。

（14）励磁系统电压增长速度：励磁系统在强励过程中，经过0.5s 所测得的励磁电压与发电机满负荷励磁电压的比值，即

$$K_U = \frac{U_f(0.5)}{0.5U_{fN}} \qquad (5\text{-}2)$$

式中　K_U——励磁电压增长速度，又称电压响应比；

U_f（0.5）——强励开始 0.5s 时测得的发电机励磁电压；

U_{fN}——发电机满负荷时的励磁电压。

❧ 第四节　励磁系统运行与维护

励磁系统投入运行前必须经过检查试验，证明完全符合它所配套的发电机的调整特性的要求。

一、投入运行前检查项目

（1）经过运输和安装的励磁系统首先应检查其型号是否符合设计配套要求，其次检查设备外观应完好无缺、无损坏、焊点光滑、无毛刺、无掉线及虚焊情况，螺栓紧固无松脱。

（2）各控制开关操作灵活无卡滞，接触良好紧密，指示方向标志清楚。

1）主要零部件和元器件参数应与设计图纸相符。

2）检查各插件端子接触是否紧密良好，插件导轨固定是否牢固。

3）各铭牌完整、正确。

4）全部表计均经过检验，并做额定标记。

5）核对一次大线、盘内外接线是否正确，标号牌是否完整。

6）核对二次小线、盘内外接线是否正确，线号头是否齐全。

7）集电环表面光滑明亮、无油污，与电刷接触良好。集电环与刷间应有 2～4cm 距离。

8）电刷应经过打磨，在刷握内活动自如，无卡滞现象，间隙为 0.1～0.22cm。

9）各电刷压力应经过测试，相差不超过 10%，各电刷间引

线无接触靠拢现象。

二、投入运行前试验项目

励磁系统在投入正式运行前，应经过全面认真的试验，确实证明各项功能正确，各项性能指标满足运行要求后方可正式投入运行。励磁系统的主要试验项目如下：

1. 静态特性试验

（1）操作模拟试验；

（2）测量回路检查；

（3）整流特性试验；

（4）限制保护功能模拟与验证。

2. 动态特性试验

（1）启励建压试验；

（2）电压调整试验；

（3）10%阶跃扰动试验；

（4）频率特性试验；

（5）停机灭磁试验；

（6）调差特性试验；

（7）无功调节试验；

（8）低励限制试验。

三、励磁系统运行与监视

励磁系统投入运行时全部检查试验应完成，继电器应予整定。一切正常后方可投入运行。

（1）励磁系统正常运行时全部励磁保护装置应投入，包括强励、强减装置，失磁保护，励磁回路一点接地保护等。

（2）励磁系统运行时，一般应在自动励磁调节位置。

（3）当机组转速升到额定值时，使机组起励，发电机的起励有残压起励，交流起励、直流起励几种方式。

（4）在升压过程中，应同时监测转子电流和转子电压，其值应平稳上升，指示表计无跳跃现象。

（5）若是首次升压，还应做降压调整试验，一切正常后才允许将发电机组并入系统运行。

（6）正常运行时，发电机的定子和转子电流应稳定，装置无异常信号。

（7）励磁系统的附属装置工作正常。

（8）发电机电压波动范围在额定值的±5%、频率波动在±1%、发电机在额定功率时，转子电流值不应超过发电机的满负荷励磁电流。

（9）对整流型励磁方式，运行时应监视整流元件及引线的发热情况，并注意监视风扇或冷却水压。

（10）对励磁机励磁方式，应注意监视：

1）整流子及集电环上电刷冒火情况；

2）电刷的摆动情况，有无破损；引线是否发热烧红；

3）电刷弹簧压力是否正常，有无损坏发热；

4）整流子及集电环表面是否变色过热，其最高温度不得超过120℃。

第六章

油、气、水系统运行

水电站除水轮发电机组的水轮机及发电机主机外，还有机组的附属设备，如调速器及蝶阀。要使机组正常运行，还必须要有油、气、水系统这些辅助设备系统。

油、气、水都是流体，必须设置一些设备，如油泵、压气机、水泵以及贮藏设备，输送管网，控制阀门，净化处理设备，自动化元件，监视仪器等。由这些设备所组成的油、气、水的复杂管线回路，就是油、气、水系统。

作为运行值班人员，应加强对油、气、水这些辅助设备及系统的维护检查和巡视，保持其正常安全运行。

第一节　压力油系统运行

水电站的压力油型号一般为透平油 22 号、23 号，作为传递能量的介质，轴承润滑油也用 22 号、23 号的透平油，其质量标准参见表 6-1。

表 6-1　　　　　　　　　绝缘油和透平油标准

序号	试验项目	绝缘油		新透平油		运行中透平油
		新油	运行中油	轻	中	
1	外　　观	透明（5℃）		透明（0℃）	透明（0℃）	

序号	试验项目		绝缘油		新透平油		运行中透平油
			新油	运行中油	轻	中	
2	在50℃时，恩式黏度（恩格勒黏度）值（不大于）		1.8		3.2	4.3	不超过新油25%
3	闪点（不低于，℃）		135	不比新油降低5℃以上	180	180	不比新油降低8℃以上
4	凝固点	气温不低于−10℃地区	−25℃		−15℃	−10℃	
		气温在−20~−10℃地区	−35℃				
		气温低于−20℃地区	−45℃				
5	机械杂物		无	无	无	无	无
6	游离碳		无	无	无	无	无
7	灰分（不大于，%）		0.005	0.01	0.005	0.005	
8	活性碱		无	无	无	无	无
9	酸值（不大于，mg KOH/g 油）		0.05	0.4	0.02	0.02	1.0
10	钠试验等级		2		2	2	
11	氧化后酸值（不大于，mg KOH/g 油）		0.35		0.35	0.35	
12	氧化物沉淀（不大于，%）		0.1		0.1	0.1	
13	电气绝缘强度（不低于，kV）	用于35kV及以上设备	40	35			
		用于6~35kV的设备	30	25			
		用于6kV以下设备	25	20			
14	酸碱反应		无	无	无	无	无
15	抗乳化强度（不大于，min）				8	8	
16	水分		无	无	无	无	无

　　混流式水轮发电机组用油系统图如图 6-1 所示，调速器压力油路如图 6-2 所示，蝶阀油压系统如图 6-3 所示。

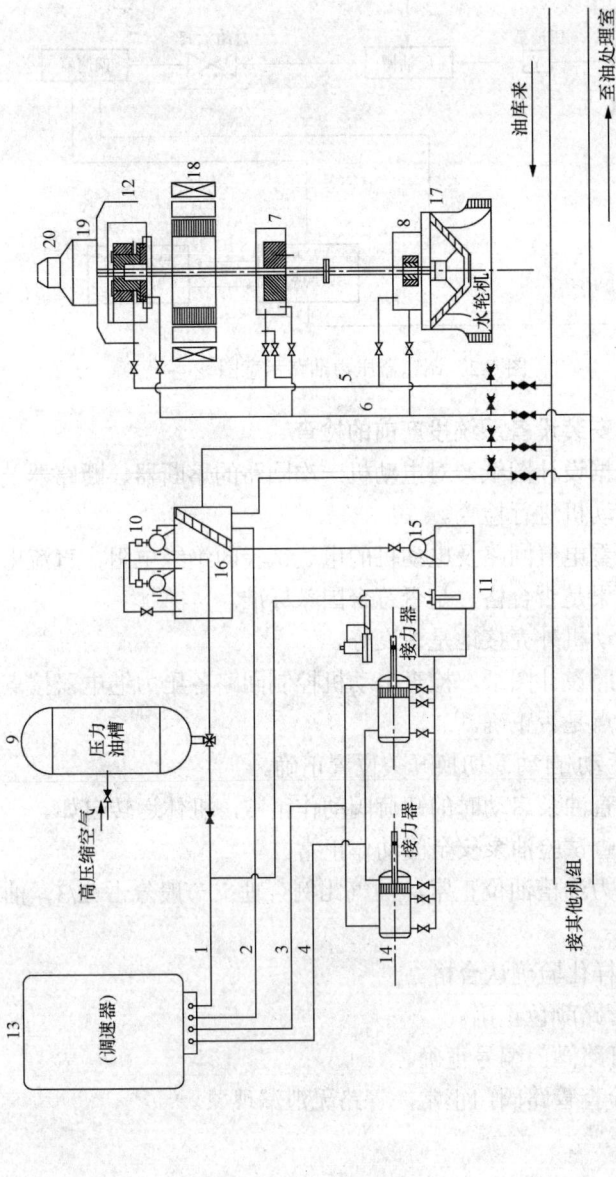

图 6-1　混流式水轮发电机组用油系统

1—压力油管；2、6—串油管；3—闭侧油管；4—开侧油管；5—给油管；7—下导轴承；8—水导轴承；9—压油槽；10—压油泵；11—漏油槽；12—推力轴承；13—调速器；14—接力器；15—漏油泵；16—集油槽；17—水轮机；18—漏油机；19—励磁机；20—水磁机；发电机

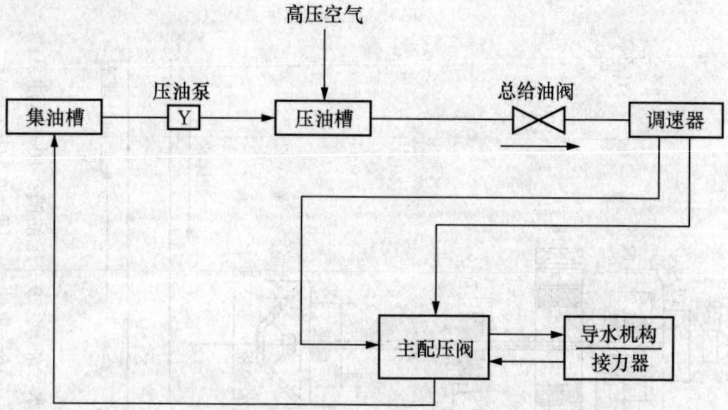

图 6-2　调速器压力油路示意图

一、新安装设备系统投产前的检查

（1）根据设计图纸，对电动机一次回路的熔断器、断路器及电缆头和电动机进行检查。

（2）查看电气回路及电动机的电气试验的绝缘电阻、直流电阻等试验结果是否合格，是否符合国家标准。

（3）电动机外壳接地是否良好。

（4）对照设计图纸，检查电动机控制回路各压力继电器接点整定值及触点是否正确。

（5）"手动/自动"切换开关位置正确。

（6）检查油泵启动时的卸荷阀动作正常，机体运转自如。

（7）检查试验油泵安全阀动作正常。

（8）压力油槽油位正常，油气比例合理；一般气占 2/3，油占 1/3。

（9）油样化验确认合格。

（10）管路颜色正确。

（11）管路阀门编号正确。

（12）检查管路阀门正常，管路无泄漏现象。

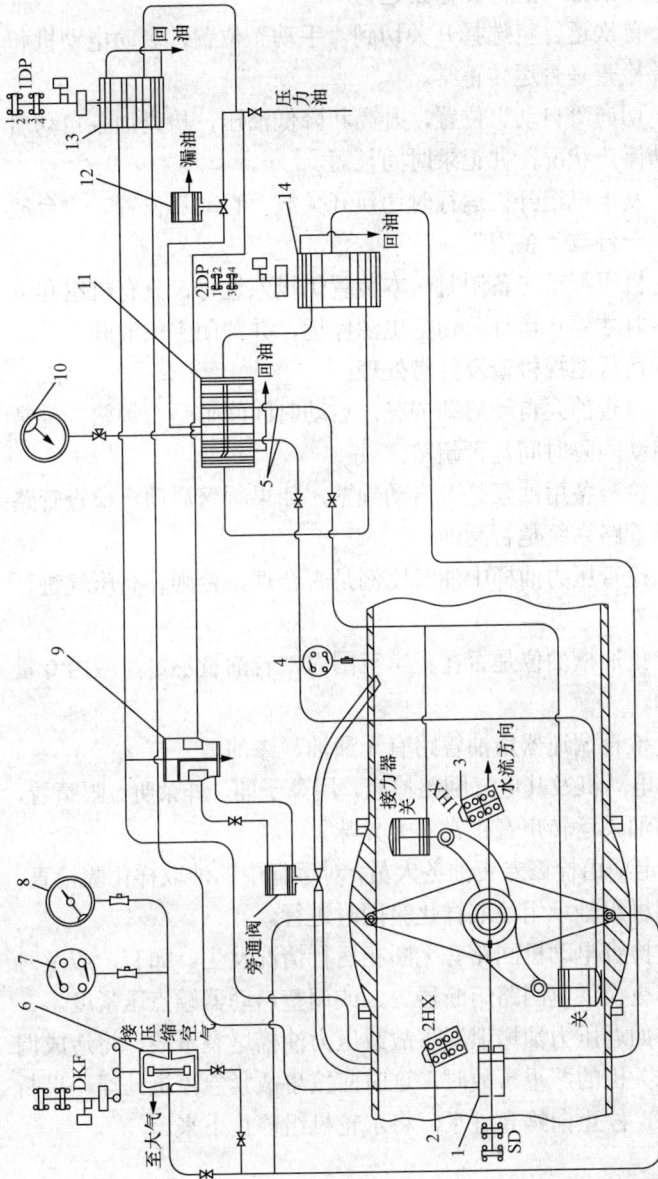

图 6-3 蝶阀压力油系统示意图

1—锁锭；2、3—行程开关；4、7—压力信号器；5—节流阀；6—电磁空气阀；8、10—压力表；9—液动配压阀；11—滑阀；12—油阀；13、14—电磁配压阀

二、系统投入运行和停止运行

（1）首次运行将选择开关切到"手动"位置，启动电动机和油泵，并检查是否运转正常。

（2）切向"自动"位置，升高和降低油压，检查油泵自动启动和自动停止状况，并记录时间长短。

（3）发电机组开机运行时切换开关放"自动"位置。一台放"主用"，一台放"备用"。

（4）机组停机热备用时，本装置仍投入运行，只有机组和调速器大修时才停止运行，切除电源停运，并关闭主供油阀。

三、运行巡视检查及异常处理

（1）检查油泵自动启动情况，启动时间间隙是否频繁，异常时记录启动间隔时间是否超常。

（2）检查备用油泵是否启动频繁，如果频繁启动，检查管路及调速器管路系统是否漏油。

（3）检查压力油桶中油气比例是否合理，否则补高压气进行调整。

（4）集油槽油位是否在正常范围内，若油量不足，应由专责人员加油。

（5）检查调速器用油管路有无漏油、渗油。

（6）电动机及其电气回路检查，用鼻子闻、耳朵听、眼睛看，电动机和油泵运转声音正常、无异味。

（7）定期由检修专责油务人员，对运行中的油取样化验检查，也可与同机组轴承用油取样化验同时进行。

（8）检查电动机回路有无断相运行情况发生。如有，应及时停油泵，更换供电回路熔断器等，或调整启动器触点压紧度。

（9）如遇压力油槽泄漏事故或压力油槽爆裂事故，将造成调速器无法关机的严重事故时，这时应按事故紧急停机处理，果断关闭主阀，停止向蜗壳进水，将水轮机组停止下来。

🌢 第二节　高压和低压气系统运行

水电站气系统有低压气系统和高压气系统，如图6-4和图6-5所示。

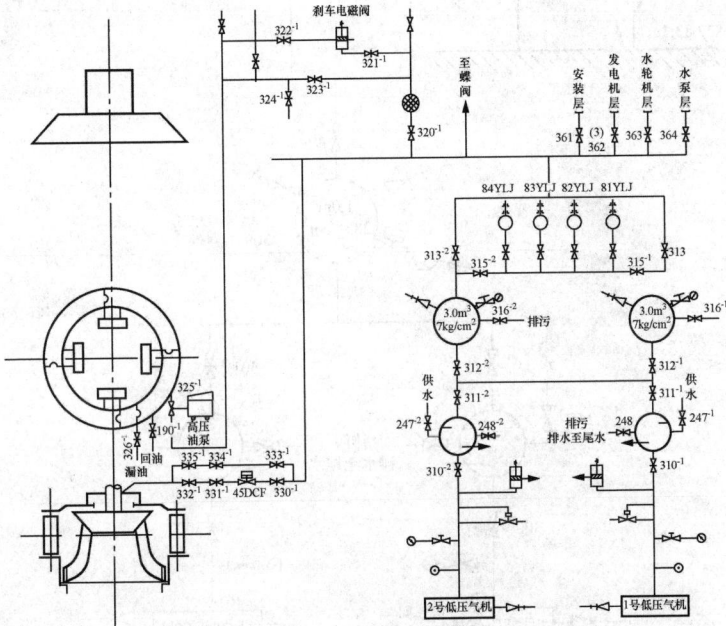

图6-4　低压气系统

低压气系统主要有低压气机、电动机及启动设备、压缩机管道、储气罐气水分离器。低压气压力一般为 $7kg/cm^2$，主要用作水轮机组停机过程中转速下降到35%时制动刹车用，还用作蝶阀圈带充气、机组调相运行时压尾水，检修时的风动工具和设备的清扫用气等。水轮机组正常运行发电时，阀门323处于关位，311、312、313、321、322及330、331处于通位，325开向刹车管道，314处于关位。

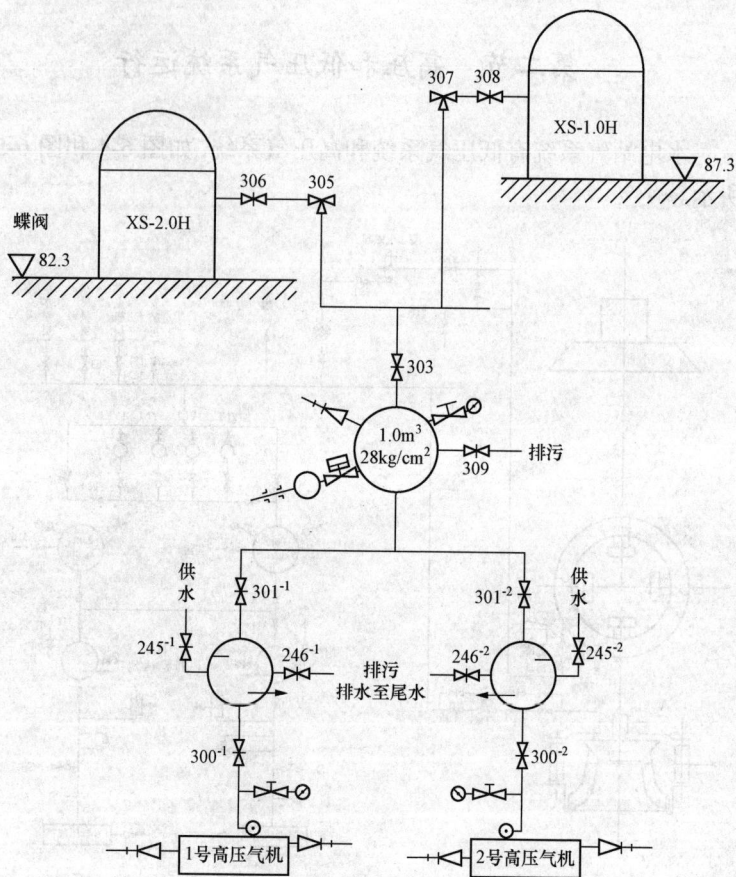

图例：

- ⊙ 温度计；
- 压力信号计；
- 滤网；
- 电磁空气阀；
- 卸荷阀；
- 液压阀；
- 安全阀；
- 高压油泵

图 6-5 高压气系统

高压气系统主要有空气压缩机、电动机、启动设备，一般有

2 台高压气机，不另设储气罐。高压气的气压标准与油压装置的压力标准相同，一般为 25kg/cm^2，专供油压装置的压力油槽充气用，使压力油槽压力保持连续的弹性。向压力油槽充气是定期进行的，发电机组发电运行时，进入压力油槽的 306 和 308 气阀处于关闭位置。在用油压操作蝶阀的水电站，设有蝶阀专用压力油桶，图 6-5 中 YS-2.0H 即蝶阀专用压力油槽。高压气机一般手动操作，只在对压力油槽补气时，才手动开机补气。

一、新安装设备投产前的检查

（1）根据设计图纸，对高、低压气机的供电一次回路的断路器、熔断器和电动机进行外部检查。

（2）电动机各项电气试验，包括定子绕组直流电阻值、对地绝缘电阻值等项试验应全部合格。

（3）电动机外壳接地良好。

（4）电动机自动控制回路的检查，压力继电器整定值及接点检查。

（5）空气压缩机本体检查，包括卸荷阀动作检查合格，空气过滤器检查。

（6）空气压缩机输出气管及阀门按编号、位号进行检查，各阀门处于正常的关或开的位置。例如，246、248 气水分离器的排污阀运行中处于关位，只在定期排污时，由值班人员定期打开排污用。

（7）确认压力储气罐压力试验合格。

（8）如果是水冷式空气压缩机，启动时冷却水压应正常。

（9）低压气机启动时应自动打开卸荷排气阀，实现空载启动，经一定时间才自动关闭带负荷正常运转。

二、系统投入运行和退出运行

1. 低压气机

（1）首先将空压机的电动机启动回路的切换开关放"手动"位置，进行手动启动，观察电动机和空压机运转情况，检查卸荷阀动作正常，空载启动运转正常。

（2）检查电动机和空压机及全部管路和阀门情况有无漏气、

泄气现象。

（3）"手动"位置运行正常后，将切换开关切向"自动"位置，一台机放"主用"，另一台机放"备用"。

（4）进行空压机自动停机试验，压力在 7kg/cm^2 时即自动停机。

（5）进行备用机自动启动试验，压力下降到 5kg/cm^2 时，备用机自动启动，两台空压机同时运转。

（6）进行主用机启动试验，压力下降到 6kg/cm^2 时，主用机自动启动。

（7）"主用"和"备用"一般 1～2 个月互换一次，定期进行轮换改变。

2. 高压气机

一般用手动操作，操作时注意声音、气压等，检查管路及阀门情况。

三、运行中的巡视检查和异常处理

（1）定期对高压气机进行手动开机运转检查。

（2）低压气机较长时间未自动启动运转时，应切手动进行开机运转检查。

（3）自动启动过程中，监视启动间隔时间是否异常。

（4）检查各压力表指示情况，压力继电器接点动作情况。

（5）检查管路阀门位置正确，有无漏气现象。

（6）定期对储气罐及油水过滤器进行排污。

（7）检查润滑油正常。

（8）检查气体压力正常。

（9）检查冷却水压力正常。

（10）检查油槽油位正常，油质合格。

（11）检查转动声音正常，有无振动。

（12）检查空气过滤器正常。

（13）定期将低压气机的"主用"和"备用"轮换切换。

（14）检查刹车回路管路阀门位置是否正确，自动刹车阀门 45DCF 是否位置正确。

（15）调相机运行时，检查巡视低压气压尾水情况，并监视低压气机启动运转情况有无异常，压力是否正常。

（16）压力油槽油气比失调，需要补高压气时，必须报告主管，并写好操作票，由一人进行操作，一人进行监护。

（17）检查进出口管路温度是否过高，过高时报告主管，分析处理。

（18）空压机运转中故障和消除方法参见表6-2。

（19）分析故障，报告主管，通知检修专业有关人员来处理。

表6-2　　　　　　　　**空压机常见故障及消除方法**

故障现象	原　因	消除方法
轴承过热	1. 轴承的间隙未调整好； 2. 油质不好或油量不足	1. 重新装配轴承，调整间隙； 2. 更换新油或调节油量
轴承内发出响声	轴承松动	上紧螺钉，取消一些垫片
气缸和气缸盖过热	1. 冷却水不足； 2. 润滑油量不足； 3. 活塞工作不正常	1. 检查冷却水的流量和出口处水温，检查水管是否被堵塞； 2. 检查油管是否被堵塞； 3. 检查活塞和胀圈的工作情况
气缸内发出响声	1. 胀圈松动； 2. 活塞或胀圈由于润滑不好而烧坏或结焦	1. 换掉胀圈； 2. 检查润滑油流量
气缸内骤然发生严重的响声	1. 冷却水由于气缸盖之间的垫料不严而漏入气缸内； 2. 气阀损坏	1. 换新的垫料； 2. 清楚气缸内异物或破碎阀片，修理空压机
阀发响	1. 弹簧太弱； 2. 阀损坏	1. 增加阀上荷载，换弹簧； 2. 换掉损坏部分
排气压力降低	1. 胀圈漏气； 2. 压力调节器卡住，活塞不严，弹簧损坏	1. 检查胀圈，必要时换掉； 2. 拆洗压力调节器，检查调节器活塞，换掉弹簧
排气压力过高	1. 排气阀上的荷载过大； 2. 安全阀有毛病	1. 调整排气阀上的荷载； 2. 检查安全阀工作情况
进气压力降低	1. 进气阀截面积太小（构造上的缺点）； 2. 空气过滤器不干净	1. 换进气阀； 2. 拆洗空气过滤器

故障现象	原　　因	消除方法
排气管的温度增高	1. 冷却水套不干净； 2. 中间冷却器不干净； 3. 冷却水量不足	1. 拆洗冷却水套； 2. 拆洗中间冷却器； 3. 增大冷却水量
气缸中有水	1. 水腔或缸体垫片漏水； 2. 中间冷却器密封不严或水腔破裂	1. 拧紧气缸连接螺栓； 2. 更换垫片或检修气缸
填料箱漏气	1. 密封圈、油封环或活塞杆磨损； 2. 活塞杆有纵向擦伤； 3. 密封元件不能抱合	1. 修磨或更换密封圈、油封环或活塞杆； 2. 修磨或更换活塞杆； 3. 更换密封元件
活塞环磨损过快	1. 进气不清洁； 2. 油质不合要求； 3. 活塞环弹力大磨损快； 4. 活塞槽浅； 5. 活塞环开口间隙过小	1. 清洁过滤器； 2. 更换润滑油； 3. 更换活塞环； 4. 修理活塞槽深度； 5. 修理开口间隙
冷却水排出时有气泡	1. 气缸与缸盖垫片破裂而串气； 2. 冷却管破裂而串气	1. 更换垫片； 2. 更换冷却器
润滑油温度过高	1. 油量不足； 2. 油太脏，质量不好； 3. 轴瓦配合过紧	1. 加添新油； 2. 将油过滤或换新油； 3. 检查空压机运行机构
排出空气中油水含量过高	1. 油水分离器失灵，积存油水过多； 2. 刮油环与活塞杆接触不严，将机身内润滑油带入气缸	1. 检修清洗油水分离器； 2. 研磨调整刮油环

🔹 第三节　供水系统运行

水电站的技术供水系统如图 6-6 所示。本方案为自流供水方式，每台机组的水源取自主阀前的引水管道，进水阀 205；机组之间通过联通阀 213、261 互为备用。对低水头电站，因为水压不够，另设专用水泵从上游或下游抽水供水的水源。水源从引水管引水经 205 阀后，要经过水过滤装置过滤，然后作为水导轴承润滑用水，深井泵启动时润滑用水，下导轴承和上导轴承冷却用水，发电机空气冷却器冷却用水，发电机层、空压机室、通信机室、蓄电池室、变压器冷却供水，厂房生活用水，全站消防用水。

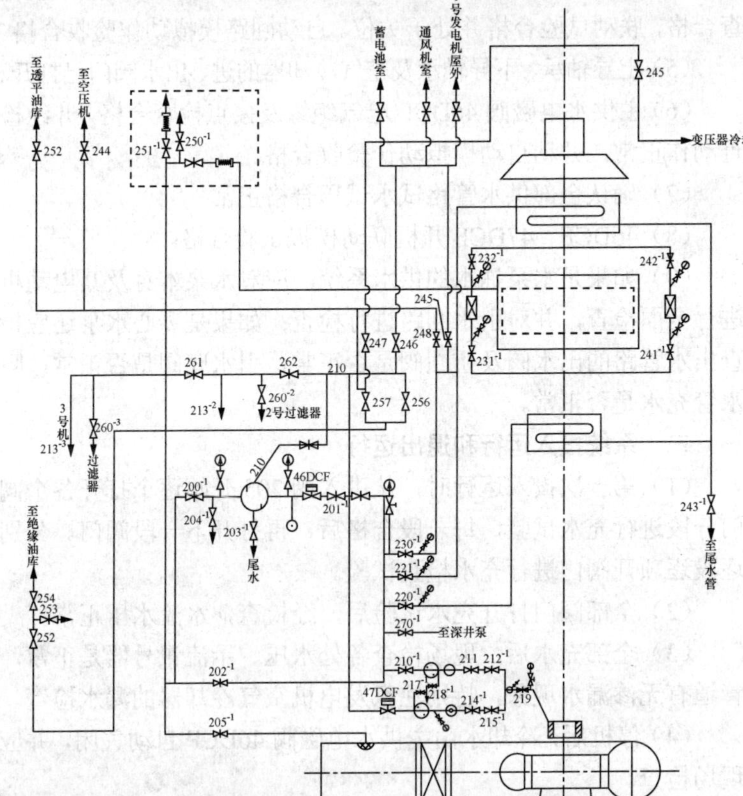

阀门型号	
PG10-200	200、201、202、205
PG10-10	203
Z45T-10Dg150	230
PG10-150	243
PF10-50	220、221、210、215、219、252、244、245
PG10-100	260
PG10-130	261、262
PG10-25	204

空气冷却器		
进	231、232、235、237、239、241	
出	323、234、236、238、240、242	

图 6-6　供水系统

一、新安装系统投入运行前的检查

（1）进入 205 阀前的过滤网及水过滤网清洗试验检查合格。

（2）各阀门编号标示和位置正确，管路颜色符合规定。

（3）水导润滑水的主供水管道和备用水管道上阀门 210、211、212 已打开，主供水阀门 214、215 已打开。

（4）水管道上自动电磁阀 47DCF 电气回路绝缘及接点试验检查合格，联动试验合格并处于关位。自动回路模拟动作验收合格。

（5）上导轴承、下导轴承及空气冷却器的进、出水阀门已打开。

（6）主供水电磁阀 46DCF 电气绝缘及接点检查合格，并经检查动作正常，开动自动模拟动作验收合格。

（7）确认全部供水管路试水试压合格正常。

（8）46DCF、47DCF 开机联动模拟试验合格。

（9）如果是水泵抽水的供水系统，应对水泵本身及其电动机进行全面检查，并对引水回路进行检查；如果是离心水泵还应检查出水管路的出水阀及止回阀是否正常，引水底阀是否正常，吸水管充水是否正常。

二、系统投入运行和退出运行

（1）第一次投入运行时，从进入阀 205 开始逐个打开各个阀门分段进行充水试验，每一段合格后，再打开下一段阀门。分别逐段逐项开阀门进行充水检查试验。

（2）全部阀门打开充水试验后，经检查，水流水压正常。

（3）全部充水后，现场检查各处水压、示流讯号器是正常，管道有无渗漏水现象，特别注意发电机空气冷却器的漏水检查。

（4）停机后，冷却水由主供水电磁阀 46DCF 自动关闭，并应现场检查。

（5）发电机灭火管道在供水系统试水时特别注意检查关闭其阀门。

（6）严冬寒冷低温时，注意按现场运行规程规定，停止供冷却水。

（7）由水泵供水的供水系统，水泵的开停要专人值班负责，并按水泵运行规程开停。

三、运行巡视检查和异常处理

（1）分别沿每台机组水源进水阀 205 开始，逐一检查各处水管阀门是否有渗漏现象，机组之间管路互联阀门 213、260、261、262 应处于开位。

（2）各处示流器是否动作正常。

（3）各处水压表指示是否正常。

（4）各处自动电磁阀 46DCF、47DCF 位置是否正确。

（5）定期对水过滤器进行切换冲洗。冲洗时监视水压变化，防止冲洗时因水压下降造成润滑水中断的误停机事故发生。

（6）发现并证实冷却水漏入轴承油槽时，应立即报告，及时处理，甚至停机处理。

（7）查看发电机空气冷却器水压表指示情况，管道有无漏水渗水现象。

（8）如果供水系统的水源是由水泵抽水供给的，则应巡视检查水泵及电动机运转情况，并检查自动启动是否正常，检查蓄水池水位水流正常。

（9）如发现水压下降至标准值（一般 $2kg/cm^2$）以下或异常时，应记录并报告主管，组织分析水压下降原因，进行处理，特别对水导轴承润滑水压下降异常情况，应紧急分析处理，避免烧瓦或造成停机事故发生。

（10）如果是水泵供水系统，还要检查水泵运行是否平稳，声音是否异常，润滑油情况和轴承温度情况。

（11）离心泵常见故障及消除方法，参见表 6-3。

（12）分析故障，报告主管，通知检修专责人员来现场处理。

表 6-3　　　　　　　　离心泵常见故障及消除方法

故障现象	原　因	消除方法
水泵不出水	1. 总扬程超过设计扬程； 2. 进水管路或填料函漏气； 3. 水泵转速过低及转向不对； 4. 吸水扬程太高	1. 改变安装位置，改进管路装置，降低总扬程； 2. 堵塞漏气处，压紧或更换填料； 3. 改变旋转方向，用转速表检查转速； 4. 调整皮带轮直径，提高转速

续表

故障现象	原　因	消除方法
水泵出水量不足	1. 进水管淹没水深不够，泵内吸入了空气； 2. 进水管路接头处漏气、漏水； 3. 进水管路或叶轮有水草杂物； 4. 输水高度过高； 5. 减漏环及叶轮磨损太多； 6. 功率不足； 7. 填料漏气； 8. 吸水扬程过高	1. 增加水管长度，水面上放块木板，阻止空气进入水泵； 2. 重新安装，堵塞漏气、漏水； 3. 加以清除； 4. 降低输水高度； 5. 更换减漏环及叶轮； 6. 加大配套动力； 7. 旋紧压盖或更换填料； 8. 调整吸水扬程
填料函发热或漏水过多	1. 填料压得太紧； 2. 水封环装置不对； 3. 填料、轴承或轴套磨损过大； 4. 填料质量太差	1. 调整至少有一滴水漏出为止； 2. 使水封环正好对准水封管口； 3. 更换填料、轴承及轴套； 4. 填料一般为棉质方形，需浸入牛油中煮透，外面涂上黑铅粉
水泵在运行中突然停止出水	1. 进水管口吸入大量空气或突然堵塞； 2. 叶轮被吸入杂物突然打坏	1. 加深淹没水深或停车清除杂物； 2. 停车更换叶轮
轴承被卡死转不动	1. 减漏环太小或不均匀； 2. 轴承损坏被碎片卡住； 3. 填料与轴干摩擦，发热膨胀； 4. 轴弯曲被锈住，轴承壳失圆和填料压盖螺丝太紧	1. 更换或修理减漏环； 2. 更换轴承，清除碎片； 3. 往壳内灌水，冷却后再运行； 4. 加以检修，校正、调整压盖螺丝
耗用功率太大	1. 转速过高； 2. 泵轴弯曲，轴承磨损过大； 3. 填料压得太紧； 4. 叶轮与泵壳卡住； 5. 流量及扬程超过使用范围； 6. 直联传动轴心不准，皮带传动过紧	1. 调整降低转速； 2. 校正调直，更换轴承； 3. 旋松压盖螺栓或将填料取出打扁一些； 4. 调整达到一定间隙； 5. 调整流量扬程，或关小出水管闸阀，减少出水量，降低轴承功率； 6. 校正轴心位置，调整皮带松紧度
水泵杂声和振动	1. 基础螺丝或其他螺丝有松动； 2. 泵轴弯曲，叶轮或轴承损坏； 3. 直联传动两轴心没有对正； 4. 吸程过高； 5. 进水管漏气或淹没水深不够； 6. 泵内掉进杂物； 7. 叶轮平衡性差	1. 旋紧螺丝； 2. 校正和更换叶轮或轴； 3. 校正或调整轴心； 4. 降低安装位置； 5. 加以堵塞或加深淹没深度； 6. 加以清除； 7. 进行静平衡实验，调整

续表

故障现象	原　因	消除方法
轴承发热	1. 润滑油不足或油质不好； 2. 轴承装配不正确或间隙不当； 3. 皮带太紧； 4. 泵轴弯曲或轴心没对正； 5. 轴向推力太大，摩擦生热； 6. 轴承损坏	1. 加油或更换润滑油； 2. 修正调整间隙； 3. 适当放松； 4. 校正调整轴心； 5. 注意平衡孔的疏通（BA 型泵）； 6. 更换轴承

第四节　排水系统运行

水电站的排水系统有厂房渗漏排水系统和检修排水系统，如图 6-7 所示。渗漏排水一般先流入厂房内最低的一个集水井内，然后用水泵抽出排至尾水下游河中，渗漏排水包括机组顶盖排水，滤水器冲洗水，气系统的油水分离器内污水，储气筒罐内污水，空气冷却器外冷凝水，水轮机层及各层的积水，厂房内渗漏水，它们都集中流入集水井里，由水泵排出至下游尾水，作为备用，在蝶阀坑，还装有排渗漏水的备用泵。另外，还有机组检修时的检修排水泵，主要是在检修时，关闭尾水门，关闭上游主阀，并关闭有关人孔门后，排除尾水管和蜗壳内的积水，排至下游尾水中。图 6-7 中的 281、285 阀在检修时打开，正常运行时应关闭。

一、新系统投运前检查

（1）集水井已全部清扫完毕，无杂物、异物。

（2）引水管的莲蓬头安装正确，清洗干净，无异物。

（3）深井泵的启动润滑水管阀门已开，水源已接通。

（4）深井泵机械部分活动自如。

（5）电动机及电气主回路熔断器、断路器、电缆头正常。

（6）电动机的绕组直流电阻值和绕组绝缘电阻值等项目试验合格，电缆试验合格。

阀门型号	
280,270~271	Pg10-25
281,285	Pg10-250
273	Pg10-15
293⁻¹,294	Pg10-250
291,293⁻¹·², 292,295,296	Pg10-100
298	Pg10-100
299	Pg10-100

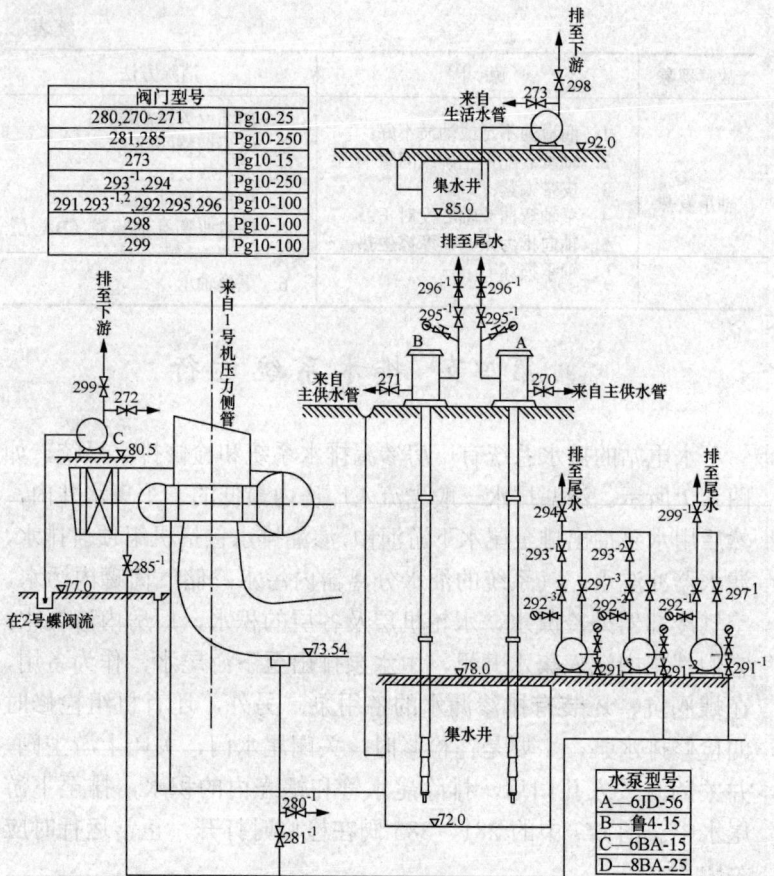

图 6-7　排水系统

（7）电动机外壳接地良好。

（8）自动启动用的浮子继电器位置已整定好，自动回路和控制电源正常。

（9）蝶阀现场渗漏排水备用泵及电气回路检查正常。

（10）检修用排水泵平时不用，但要定期检查机械和电动机及电气回路，并定期空载（关闭出水阀门）运转 1h，平日拔除电源熔断器，其回路不带电。

160

二、新安装水泵投入运行和停止运行

1. 渗漏排水深井泵

（1）检查深井泵润滑水系统正常。第一次手动启动开机，将电气开关切向"手动"位置，手动开机后，进行全面检查，检查水泵和电动机运转情况，并做手动停机检查试验。

（2）"手动"位置开机正常后，将开关切向"自动"位置，检查每台机自动启动和运转情况。

（3）正常运行时一台放"主用"，另一台放"备用"，在集水井高水位时，备用泵同时启动，两台水泵同时运转。

（4）在集水井水位升高时，分别检查每台机主用和备用回路启动情况，确认检查浮子继电器接点是否可靠。

（5）水泵运转时检查出水管排水情况。

（6）渗漏排水泵长期放"自动"位置运行。集水井水位低时自动全部停止。水位上升时又自动启动。

（7）机组检修时，检修排水泵要安排专人24h现场值班。

2. 离心水泵

离心水泵开机先检查灌引水正常，并关闭出水阀门，先空载运行正常后，再打开出水阀门正常运转。

三、运行巡视检查和异常处理

（1）集水井排水关系到厂房安全，失误时，井水漫机房造成事故，所以必须每2h到现场巡视检查一次。

（2）查看深井泵启动情况、备用泵启动情况，听声音是否正常，有无电动机断相异常运行状况。

（3）查看集水井水位上升情况。

（4）检查出水口排水情况。

（5）定期将两台水泵的"主用"和"备用"进行互换，切换电气自动开关，改变其"备用"或"主用"位置。

（6）当发现水泵不能自动启动，集水井水又上涨时，立即切换至"手动"位置，将水泵启动排水。手动起动排水后，通知专责人员修理自动回路，或检查浮子继电器故障情况。如果手动启动也失效不能运转，必须及时记录，并报告主管，组织分析原因，由专责人员进行抢救。

（7）检修排水泵在机组大修时，因长期未启动，水泵、电动机及电气回路要由专责人员全部清理，检查并电气试验合格，再启动水泵。电气试验一般要检查测量回路及电动机的绝缘电阻值和绕组直流电阻值。检修排水泵启动后，事关检修人员安全，必须派专责现场 24h 值班。

（8）按现场运行规程规定，定期对电动机进行绝缘电阻摇测检查。

第七章 ●————

电动机运行

　　电动机是一种将电能转换成机械能的旋转设备。水电站的厂用机械主要由电动机拖动。

　　电动机按电流种类分为直流电动机和交流电动机；交流电动机又分为同步电动机和异步电动机；异步电动机按转子绕组型式不同，又分鼠笼式和绕线式。鼠笼式异步电动机与其他型式电动机相比，具有可靠、简单和经济的优点，因此在水电站发电机组的油、气、水系统中广泛使用。限于篇幅，本书仅介绍鼠笼式异步电动机的运行。

🌢 第一节　电动机投运前检查和试验

　　要确保电动机的正常运行，电动机在投运前必须进行检查和试验，合格后方能投入运行。

　　检查主要项目如下：

　　（1）根据水电站设计图纸，对电动机运行回路设备、所带机械负荷进行核对。

　　（2）确认安装或检修后，已经通过生产主管验收。

　　（3）确认或检查各项电气试验合格。

　　（4）检查电动机装配质量，如定、转子气隙大小等，查看零部件装配是否正确，各部分的紧固件是否旋紧到位。

　　（5）与负载机械轴的连接是否符合规范要求，如同心度、水平等。

163

（6）检查传动装置的配置情况，如联轴器的螺丝、销子是否紧固，皮带松紧是否合适。

（7）若是滑动轴承还应检查油箱内是否有油，用油是否清洁，油量是否充足，油环转动是否灵活。

（8）通风道无杂物，有冷却器的电动机应检查冷却器无渗漏现象，出入口风门开启良好。

（9）确认电动机、电气回路及其所属设备已无人工作，周围无杂物。

（10）电动机所带动的机械验收检查合格。

（11）检查出线端的标志是否正确，外部接线方式是否正确，若是降压启动还应检查启动设备的接线是否正确。

（12）外壳接地（或接零）是否良好，其导线截面是否符合要求。

（13）电源电压是否符合铭牌标准。

（14）电动机启动设备的规格、容量是否合适；电动机及启动设备的接地保护装置是否可靠等。

（15）对绕线型电动机和直流电动机还应检查电刷提升装置的操作机构是否灵活，电刷位置是否正确；电刷在刷握中是否灵活；电刷与集电环接触面是否吻合；各绕组接线是否正确；轴径向偏摆是否超过允许值。

（16）电动机供电回路及二次控制回路情况正常。

（17）三相电源是否均有电，电动机相序与电源的相序是否相符，电压是否正常，电压波动应在 5%范围内。

电动机投运前，还应在有关专业人员参与下，进行一些检查试验，主要项目为：

（1）回路开关拉、合闸试验。

（2）按钮跳闸试验。

（3）事故保护跳闸试验，如失压跳闸等。

（4）绝缘电阻测量试验：包括定转子三相绕组之间和绕组与机壳间的绝缘电阻，以及电刷架、集电环、接线板与机壳间的绝缘电阻等。

若用绝缘电阻表测量电动机绕组对机壳的绝缘电阻，其值按绕组的额定电压计算低于 1MΩ/kV 时，则必须对绕组进行干燥处理，直到绕组绝缘电阻符合要求为止。

（5）如果可能，手动转动转子检查是否灵活及有无异常声响及刮擦现象，相应机械装置也应转动正常。

（6）通电空载试验，按预定启动方式接通电源后，观测启动电流值和轴的转向；检查转动方向和测量转速。

（7）检查转轴的轴承是否运转平稳、轻快，有无卡滞现象，声音是否均匀和有无杂音等。

（8）空载运行正常后，停机进行全面检查。

☙ 第二节　电动机运行

一、电动机启动操作

1. 电动机启动方式

异步电动机启动瞬间，启动电流即启动时定子电流可达到额定电流的 4～7 倍，随转速提高，启动电流迅速下降，启动时间一般需要 10 多 s 左右，启动电流过大可能引起电网电压下降从而影响正常运行，因此有必要限制启动电流。

鼠笼式异步电动机启动方式主要有直接启动、降压启动和变频启动等。水电站机组油、气、水系统的电动机一般为直接启动。

2. 电动机启动操作总则

（1）启动前检查和试验完成且情况良好后，检查附近无杂物和人后，即可远方或就地合上控制开关电器启动电动机；新安装的电动机第一次启动必须在现地进行。

（2）在启动过程中应严密监视电动机的电流，若发现电流长时间不能下降到额定值或以下，则应停机查明原因并处理后，才能再启动。电流长时间不能下降到额定值或以下，说明负载过重或机械部分有异常。

（3）启动后半小时内经常用手去感触轴承等部位的温度变化及振动和声音等情况，若发生突变或超过允许值，则应随时查明原因并处理，必要时应停机检修。

（4）鼠笼式异步电动机在冷、热状态下允许的启动次数，应按制造厂规定进行。一般冷状态下允许启动 2 次，启动间隔不低于 5min；热状态下只允许启动一次，若需要第二次启动，必须待半小时电动机冷却后进行。严格禁止电动机进行频繁启动。

（5）对于需要有可逆旋转的电动机，必须停止后方能进行改变方向的操作。

（6）启动多台电动机时，应从大至小有秩序地逐步启动，不可同时启动，以免过大的启动电流造成线路压降过大或引起断路器跳闸。

（7）电动机接通电源后若发生不能转动或启动很慢、声音不正常及传动机械不正常等现象，应立即切断电源检查，待查明原因排除故障后方可重新启动。

3. 电动机启动操作步骤（以鼠笼式高压电动机为例）

（1）检修后的电动机首先要收回工作票。

（2）检查安全措施确已经拆除，绝缘电阻等电气试验合格。

（3）检查断路器确在断开位置。

（4）继电保护装置等投入正常。

（5）合上电动机母线侧隔离开关。

（6）检查和装上断路器的合闸熔断器（动力直流熔断器）、操作熔断器（操作直流熔断器）。

（7）当操作盘上的绿色指示灯亮后，操作控制开关进行合闸，或按下合闸按钮合闸。当断路器合上后，红灯亮，绿灯灭，电动机由启动转入运行，监视电流表指示应正常。

（8）有联动装置的电动机应按要求先后投入有关切换开关。

另外：水电站机组油、气、水系统的低压电动机，首次运行应手动启动，正常后切到自动位置运行，并进行全面检查。

二、电动机停运操作

1. 电动机停运操作的总则

(1) 电动机的正常停机与其合闸操作顺序正好相反，即先跳开断路器。

(2) 若在停机过程中出现操作过电压，对绕线式电动机则应将变阻器投入，使在断开断路器时转子电流的变化率下降，从而抑制操作过电压。

对有机械通风冷却的电动机，当断路器切断后应立即关闭冷却装置，以防止电动机绕组受潮和结露。

2. 电动机停运操作步骤（以鼠笼式高压电动机为例）

(1) 首先将机械负荷减至最小，如水泵应将出水口关闭，然后停止电动机运行。

(2) 跳开断路器。

(3) 检查断路器确在断开位置。

(4) 拉开负荷侧的隔离开关。

(5) 拉开电源侧的隔离开关。

(6) 检查负荷侧的隔离开关确在断开位置。

(7) 检查电源侧的隔离开关确在断开位置。

(8) 取下合闸熔断器。

(9) 取下二次操作熔断器。

(10) 对电动机进行全面检查站。

水电站机组的油、气、水系统的电动机有手动停机和自动停机方式。

三、电动机运行巡视和检查

电动机在运行中，值班人员应定期做好巡视和检查工作，以便及时发现异常和缺陷并进行处理。这对电动机的安全运行是非常重要的工作。

厂用电动机应每班检查一次，由2人进行巡视，耳听眼看鼻闻，当确认外壳接地良好时，可以用手点触外壳检查外壳温度。

巡视中若发现异常时，要做好记录并报告主管，及时处理。

1. 电动机带负载运行巡视和检查

（1）电动机的负载电流不得超过额定值。三相异步电动机任何一相电流与三相平均值之差不应超过 10%。一般情况下，电动机三相电流不平衡，说明电动机有故障或定子绕组有层间短路现象。严重的三相电流不平衡，则说明有一相熔丝熔断，电动机处于缺相运行状态。

（2）经常检查电动机各部分的温度与温升是否超过规定值。

（3）注意检查并确保冷却系统工作正常，经常保持电动机及周围清洁无杂物，无尘埃堆积、腐蚀和损伤；漆层不出现变色、剥落现象；进风口、出风口保持畅通，周围温度低于规定温度，不允许有水滴、油垢及飞灰落入电动机内部。

（4）外壳接地良好，保护罩完好。

（5）开关或磁力启动器接线完整。

（6）电缆头无渗、漏油；电源引线可见部分无松散、碰伤或灼伤等。

（7）电动机的声音和气味无异常。

（8）检查轴承温度、润滑情况，轴承无过热、漏油，振动低于允许值，声音无异常。对滑动轴承检查润滑油量在指定范围内，甩油环旋转均匀；对滚柱轴承则检查通过轴承监听器等轴承检测器的读数无显著增加，无润滑脂漏出现象，润滑系统工作应正常。

（9）检查并确保电动机供电回路及设备、控制回路及设备、其他附属设备工作正常。

2. 电动机定期检查与维护

为确保电动机能正常运行，除应按操作规程正确使用外，还应对电动机进行定期检查与保养，其保养工作由检修专责人员按规程进行，其间隔根据电动机的类型、使用环境决定。主要检查维护项目为：

（1）电动机应经常保持清洁，及时清除机座外部的灰尘、油垢和杂物等。

（2）经常检查轴承有无发热、漏油等情况，并由检修专责人员定期更换润滑脂（一般可半年更换一次）。在更换润滑脂时应先将轴承盖用煤油清洗，然后再用汽油清洗干净。润滑脂可采用钙钠基 1 号润滑脂（一般电动机用），2 号或 3 号中小型电动机用轴承润滑脂。更换加入的新润滑脂数量以充满轴承室空间的 1/3～1/2 为宜。测量轴对地的绝缘电阻值，目测判断轴承架有无移动现象。

（3）应定期测量定子与转子间的上、下、左、右的气隙尺寸。

（4）应经常检查电动机接线板的螺丝是否松动或烧伤，若有应及时紧固并用同等绝缘包垫修复。

（5）用千分表测定连轴中心是否偏移，用手摸或用弹簧秤检查皮带张力。

（6）应定期检查启动控制设备，观察所有触点有无烧伤、氧化、接触不良等，若发现问题应立即维修。

（7）定期检查电动机的绝缘电阻，同时注意查看电动机外壳接地是否可靠。

（8）电动机运行一年后应大修一次，对电动机做全面、彻底的检查和维护，增补和更换电动机缺失或磨损的零部件；彻底清除电动机内外的灰尘、杂物；检测绕组绝缘的情况；清洗轴承并检查其磨损情况，及时发现问题并予以处理，可延长电动机的工作寿命。

对暂时停运的电动机也应定期检查电动机轴承中润滑油（或润滑脂），保证油质合格；润滑脂每半年应更换一次；定期检测电动机的绝缘电阻，保证其绝缘合格，若受潮应进行烘干处理；对处于备用状态的电动机应进行检查，定期切换使用，保证能随时启动。

🔹 第三节　电动机运行故障和事故处理

三相异步电动机的故障类别包括定子绕组故障、转子故障、定子铁芯故障、引出线与绝缘套管故障、机座故障等。

一、电动机常见故障及处理

（一）电动机拒绝启动

1. 故障现象

通电后电动机不转动或在低速下运转，并且发出较大的"嗡嗡"声。

2. 可能故障原因及处理方法

应立即断开电源，查明故障原因，设法消除后再重新启动。可能的故障原因及处理方法如下：

（1）电网电压过低：应与供电部门联系。

（2）电源缺相：首先检查电源是否有一相熔断器熔断，断路器、隔离开关一相是否松脱或接触不良，若无则再查电动机接线盒是否接触不良或烧断，最后检查内部有无断线、断点，通知检修人员修复。

（3）转子回路断线或接触不良，如鼠笼式电动机，转子鼠笼条与端环的连接部分已断开；绕线式异步电动机，转子变阻器回路已断开，启动设备与转子回路间的电缆连接点已断开，电刷与集电环接触不良：通知检修人员修复。

（4）定子回路接线错误，如将△接线接成 Y 接线，或将 Y 形接线的三相绕组一相接反：校对接线方式并改正接线形式。

（5）周围环境温度太低使润滑脂变硬：采用局部加热即可。

（6）负载过重：应减轻负载或重新选择与负载相匹配的电动机。

（7）外部机械卡住，此时有较大撞击声，同时电动机的保护或熔断器会动作：可用盘车方法找出故障点。

（二）电动机通电后无声响且不转动

1. 故障现象

合上电源，电动机无声响且不转动。

2. 可能故障原因及处理方法

首先检查电动机接线端子处有电否，若无或只有一相有，则为电源故障，再逐级查找供电回路的故障点并排除。

若三相有电压且基本平衡，则为电动机内部断线，通知检修人员拆卸修理。

（三）空负荷电流过大

1. 故障现象

空负荷电流超过允许值（一般额定电压下空负荷电流为额定电流的 25%～50%，波动幅度为 5%～15%）。

2. 可能故障原因及处理方法

（1）电源电压高于电机额定值：检查电源电压。

（2）电动机装配不当（用手轻轻转动电动机轴，转动不灵活说明装配不当）：先查看端盖装偏否；再查看轴向间隙是否过小或没有，通过修理轴承盖止口处的凸缘长度解决；最后查看是否润滑油脂过少或过多并根据情况处理。

（3）定、转子间气隙过大：应停运检修。

（4）定、转子轴向错位：进行调整并使之压装到位。

（5）定子绕组匝数少于正常值：原则上应更换绕组，使其达到标准匝数；若因铁芯磁性变化造成，严重的话应更换铁芯。

（四）三相电流严重不平衡

1. 故障现象

三相电流不平衡度超过允许值（空负荷时大于 10%，堵转时大于 5%，满负荷时大于 3%），严重时电动机发出"嗡嗡"声，机身也剧烈振动。

2. 可能故障原因及处理方法

（1）首先检查电源三相电压平衡否，若三相电源平衡则说明为电动机本身故障。

（2）先停机测量三相电阻，查看有无断路存在，最严重断路为一相断线情况，表现为其余两相电流大幅增加、转速下降，并有低沉声音发出，应立即停机，并不允许再启动。

（3）停机检查有无单相短路或相间短路，熔体熔断或某相绕组因匝间或对地短路而过热并烧毁（电动机冒烟并有焦味）。

（4）停机检查电动机相头、相尾是否搞错，或拆开电动机用指南针检查接线有无部分绕组接反现象。

（5）因重绕绕组时三相匝数绕不均匀造成的，重新绕绕组改正错误匝数。

（五）有较大的噪声与振动

1. 故障现象

启动时有不正常的振动和噪声，启动后仍然存在。

2. 可能故障原因及处理方法

及时停机，从机械和电磁两方面着手检查。电磁方面主要从绕组故障考虑，断开电源故障消失，接通就出现说明为电磁故障；排除电磁故障后考虑机械方面，从电动机基础、转子零件及轴承磨损度、轴偏度考虑。可能原因及相应处理方法如下：

（1）若与正常情况相比出现的是特别大的低沉的声音，说明电流过大，可能是过载、三相电动机走单相、三相电流不平衡等造成。

（2）若周期性振动并伴有时高时低的"嗡嗡"声，可能转子有断条，应通知检修人员处理。

（3）若在电动机外壳上听到"咝咝"声，则为铁芯硅钢片叠压不紧，应通知检修人员处理。

（4）若有不均匀碰撞声，则有可能是定、转子相擦，即"扫膛"，应通知检修人员处理。

（5）可能是轴承内润滑脂不够或轴承内钢珠损坏引起噪声，应通知检修人员清洗轴承加装新油或换钢珠。

（6）因联轴器松动造成：通知检修人员检修和紧固。

（7）因每相匝数不等造成：通知检修人员重新绕制，改正匝数。

（8）因转子擦到绝缘纸造成：通知检修人员修剪绝缘纸。

（9）因转子风叶碰壳造成：通知检修人员校正风叶、拧紧螺丝。

（六）电动机过热

1. 故障现象

电动机温度超过允许值。

2.　可能原因及处理方法

仔细观察电源电压、电动机电流、过热部位、声响等，并比较空载运行与负载运行差别，找出故障原因，及时处理。

（1）先测量电压：若因电源电压高引起铜损增加造成过热，与供电部门联系解决；若电网电压低则电流增加使定、转子均过热，应与供电部门联系解决；若电源电压不平衡则电流大的绕组过热，检查熔断器、断路器及电动机并排除故障。

（2）测量定子电流，若负载过重则需要降低负载或更换较大容量电动机。

（3）若有定转子刮擦声，则检查轴承间隙，若超限则更换轴承；若轴承及附件或铁芯有松动变形则修理；若轴弯则校正。

（4）若电动机风道堵塞，则清扫风道改善自冷条件；若风扇坏则修理或更换风扇；若环境温度过高则设法降温。

（5）绕组有匝间或对地短路，则查找短路或接地部分，按绕组修理方法修复。

（6）若浸漆不符合要求使绕组内有空隙，则重新采取两次浸漆工艺，最好用真空浸漆。

（7）若重新绕制的电动机绕制参数不对，则重新计算改变参数后再绕制。

（8）笼形转子导条断裂、开焊，由检修人员对断条、开焊或松脱处进行修复。

（七）轴承过热

1.　故障现象

轴承过热。

2.　可能原因及处理方法

（1）轴承自身损坏：更换轴承。

（2）径向配合尺寸不当、过松或过紧造成：若过松，则采用黏合剂或低温镀锌处理；若过紧则适当车削轴颈。

（3）轴承与轴承盖配合过松或过紧：过松时镶套；过紧时重新加工轴承盖。

（4）油封过紧：修理或更换油封。

（5）轴承盖与轴相擦：修理轴承盖。

（6）轴承中心偏斜不正或轴承油环卡住：通知检修人员处理。

（7）轴承润滑不良，如油脂过少、过多，质量差或其内部有杂质：增减润滑油或更换合适油脂。

（8）皮带过紧或联轴器安装不当：由检修人员调整皮带张力，校正联轴传动装置。

（八）电动机外壳带电

1. 故障现象

电动机外壳带电。

2. 可能原因及相应处理方法

（1）电动机绝缘受潮：进行烘干处理。

（2）绝缘严重老化：需要更新。

（3）引出线绝缘破损：包扎或更新引出线。

（4）接线板有污垢：清理接线板。

（5）绕组端部顶端盖接地：拆下端盖，找出接地点，线圈接地要包扎绝缘和涂漆，端盖内壁要垫绝缘纸。

（6）电源线和接地线接错：纠正接线即可。

（九）转速低于额定值

1. 故障现象

电动机启动后转速低于额定转速。

2. 可能原因及处理方法

（1）若启动后负载为额定值而转速低于额定值，则先测量机端电压。

（2）若三角形绕组误接成星形，则改正连接。

（3）检查转子回路焊接及接触是否良好，脱焊或断条则进行修理。

（4）若转子绕组电刷接触不良，则调整刷压和修理电刷与集电环接触面。

（5）若转子绕线电动机启动变阻器接触不良，则修理其接触部位。

（6）若绕线转子一相断路，则查明断路处后排除故障。

（十）三相电流大小周期摆动

1. 故障现象

电动机空载或负载时电流表指针来回摆动，并且转速有所下降。

2. 可能原因及处理方法

排除电源电压周期性摆动外，很有可能是笼形转子导条断裂或开焊。检查断裂或开焊处，修理后再进行动静平衡校验。

二、电动机断路器自动跳闸和故障停机

1. 电动机断路器等自动跳闸故障处理

运行人员首先应检查故障跳闸原因，是否过电流保护动作、低电压保护动作、热继电器动作、熔断器熔断等。

（1）过电流保护动作、低电压保护动作时都会使电动机断路器自动跳闸。当电动机自动跳闸后，运行人员应立即启动备用电动机，并应对故障电动机进行电源和机械方面的检查，查看电动机的定、转子绕组、电缆、断路器等有无短路痕迹；测量绝缘电阻值和绕组直流电阻值等；检查故障当时有无异常声响和冲击现象；电动机所带机械负载部分有无卡住现象。

若故障电动机本体、电动机启动装置或电源电缆线上有明显的短路或损坏现象，电动机所拖动的机械损坏，应通知专责检修人员来处理。

作出保护误动的结论，必须经生产技术主管确认。

（2）对于装有差动保护等的高压电动机的事故跳闸，按发电机事故处理原则处理。

（3）对于低压电动机，如果是熔断器熔断失电而停机，运行人员应对供电回路及电动机进行全面检查处理，确认无短路故障后，换上合格的熔断器再开机。

2. 电动机异常应立即停机的情况

当发生下列情况之一时，必须立即切断电动机的电源或卸掉负荷，紧急停机：

(1) 电动机电气回路及其拖动机械部分发生人身事故；

(2) 电动机内部或启动装置内出现火花或冒烟；

(3) 电动机及所带机械损坏至危险程度；

(4) 轴承温度超过规定值，经处理无效；

(5) 定、转子间扫膛，强烈振动，电流表指针摆动很大时；

(6) 电动机内部有异常声响（尖叫声和特大噪声）或绝缘有烧焦味；

(7) 电动机铁芯温度超过正常温度，经采取措施无效；

(8) 电动机处于断相运行；

(9) 三相电流不平衡度大于±10%；

(10) 受火灾威胁；

(11) 启动或运行中的电动机，转子和定子有摩擦声；

(12) 直流电动机发生严重环火，经处理无效。

切除电源后应仔细检查，查明引发上述现象的原因，再由检修人员排除故障后，才能重新合闸运行。

三、电动机着火时的处理

电动机着火时，先断开电源，然后使用电气设备专用的灭火器进行灭火。在使用干粉灭火器时，应注意不使粉尘落入轴承内。无电气设备专用灭火器时，则应在电动机切断电源后，用消防水枪喷射成雾状灭火，禁止使用大股水柱注入电动机内灭火。

第八章 ●———

二次系统与直流系统运行

一次系统及设备的运行状况不可能去手摸或直观其内部，为保证安全生产运行，运行值班人员要依靠我们常说的二次系统进行监测和控制。由电气二次设备及其组成的继电保护控制、测量、信号等系统称为二次系统。

目前水电站的二次系统分两类：一类是传统的继电保护和监测自动控制系统，另一类是基于计算机技术实现的微机保护和计算机监控系统。

常规的二次监控系统是由多个有触点的电磁继电器及附属设备组成的常规二次监控系统，它由电磁式继电器构成自动控制回路，主要完成顺序控制，由电磁式继电器构成水电站继电保护装置。常规保护和常规控制是一种传统的方式，有可动的触点，比较直观，但是调节性能较差，难以实现对水电站机电设备的完全自动调节和巡回检测，并且设备较大，屏的数量多，占用场地也大。

相对于传统的有触点的继电保护和自动控制系统而言，用微机保护代替常规的电磁式继电器的保护已成为发展趋势，并得到广泛应用。而用计算机监控系统代替常规的电磁式继电器组成的传统控制方式也成为发展趋势。最新发展的计算机监控系统主要特点是将各项功能设计成有输入或输出的积木式模块。这些模块具有基本的逻辑功能。采用模块化结构的计算机监控系统，不仅满足硬件设计的灵活性要求，而且便于维护，当计算机监控系统的某一模块出现故障时，可以方便地用备用模块更换即可，发展趋势是采用标准模块和接口系统，使集成度大大提高，减少控制屏柜数量，利用硬件"软化"，把原来由常规自动控制系统硬件完成的功能改由软件来完成，不仅不影响自动控制系统功能，而且还将增加控制系统功能，有的甚至是常规传统自动控制系统无法实现的功能。

🌢 第一节 常规继电保护及监控系统运行

发电机、主变压器、厂用变压器、输送电线路等各个一次单元都装有自己的继电保护装置及监控系统。这些装置的逻辑控制过程由常规的电磁继电器来完成，都按单元装在继电保护屏和控制屏上。同期系统及中央音响是全水电站共同的二次设备。这些屏柜都布置在电站的中央控制室里。运行值班人员应全部按各个一次设备单元，熟悉其对应的二次展开图及其屏柜布置的位置，运行值班工作中加强对这些二次设备及其系统的维护值班工作。

一、新安装的常规继电保护及监控系统投入运行前检查

（1）检查屏柜的名称及二次设备编号是否正确。

（2）确认每个继电器已经调试合格。

（3）检查直流系统送出到控制保护二次用直流电源供电正常，直流电压正常。

（4）检查每个一次单元保护控制直流二次电源熔断器完好。

（5）核对检查每个单元的每一种保护的整定值是否符合设计值。

（6）确认各处单元保护控制二次电路对地绝缘电阻值合格，一般直流控制母线不小于 10Ω，支路不小于 $0.5\sim1\Omega$。

（7）将中央音响屏上中央音响试验按纽投入，检查全部光字牌灯泡是否完好，音响回路动作是否正常。

（8）在端子排处，用短接交流继电器触点办法检查全电站各单元的每种保护模拟动作正确，直至发出音响信号，检查时要逐一进行模拟试验。

（9）检查全电站所有断路器控制回路跳合闸动作正常。属于同期点的断路器，在没有带电条件下，用连接片或专用切换开关短接同期继电器触点的办法，检查同期回路合闸是否正常。在正常生产中，在只有单侧电源送电时，也必须短接同期继电器触点，才能合闸。

（10）检查控制屏上的各种仪表是否都在零位。

（11）检查一次部分各单元，每单元的每种保护的投入/退出连接压板在投入位置正常。

（12）检查中控室是否仅有一个同期断路器操作把手。

（13）有重合闸装置的双电源线路，应按调度要求，将重合闸压板放无压检定或同期检定位置。

（14）水轮机基础自动化元件如电磁阀、液位信号器等的现场检查。

（15）调速器关闭时间整定的检查并经技术主管确认。

（16）对上级主管下达的其他检查项目进行检查核对。

二、常规继电器保护及监控系统运行巡视检查和异常处理

（1）按规定制度，由2人定时进行巡视检查。

（2）交接班时，检查试验中央音响光字牌灯泡是否全部良好，音响回路是否完好。

（3）检查全部运行仪表指示是否正常、正确。

（4）检查全部控制开关位置是否正确，正在进行检修的一次设备控制开关是否挂有警告提示牌。

（5）各断路器分闸绿灯和合闸红灯指示是否正确。

（6）各单元保护切换片投入或退出是否正确。

（7）检查正在检修设备的二次控制回路电源熔断器是否已拔除。

（8）二次直流熔断器熔断时，应及时更换，更换熔断器时应戴绝缘手套。

（9）带电的电磁继电器响声是否正常。

（10）光字牌标示是否仍然清晰正确。

（11）二次带电端子是否有发黑或变色等异常情况。

（12）定时对交流各监察装置进行切换，检查各项电压是否有单相接地现象。

（13）定期切换对直流系统的绝缘监察装置，进行接地检查。

（14）定期对直流系统的电压进行检查并及时调整。

（15）定期检查励磁的电压表电流表指示是否正常。

（16）在出现事故或故障信号继电器掉牌时，值班人员不应马上进行复归。应2人在场确认，并详细记录所有掉牌及光字牌信号后，经允许方可复归掉牌。

（17）定期对发电机定子绕子的温度进行检测。

（18）定期对变压器的上层油温进行巡查检测。

（19）定期对水力机械部分的水压、气压、温度、油位进行巡视检查。

（20）注意检查电气液压调速器的平衡表指示是否在正常范围内。

（21）检查机组自动屏上各仪表指示是否正常。检查水机各油压、温度、整定值是否正确，有无异常变化。

（22）及时记录各种异常及缺陷情况。

（23）及时检查现场的检修进度情况和安全措施。

（24）完成上级主管安排的其他检查。

第二节　微机继电保护和计算机监控系统运行

一、微机继电保护及计算机监控系统投运前的检查

1. 继电保护部分

（1）保护逆变直流电源熔断器已投入，电压正常。

（2）各插件电路焊接完好，线头牢固，集成块插紧。

（3）确认二次回路绝缘电阻合格。注意：检查前防高电压击穿芯片应先断开直流电源，拔出CPU插件，拔出数模转换插件、

信号输出插件。电源插件和光隔离插件应插入；将打印机串行口与微机保护装置断开，断开与收发信机及其他保护之间的相关连线，接入逆变电源插件及保护屏上各连接片。

用 1000V 绝缘电阻表测对地系统绝缘电阻大于 10Ω，全部串行短接后大于 1Ω。

（4）确认各保护整定值已整定好，并确认已固化，进行抽检。

（5）屏柜台板信号灯、控制开关和标示检查。

（6）屏后端子和引线及标示检查。

（7）人机界面的显示屏、键盘和打印机检查，按产品说明书对屏面菜单显示进行检查。

（8）人机界面的操作检查，利用键盘和显示屏进行主菜单和子菜单选择检查、修改定值等的检查。

（9）检查屏上标志以及切换设备的标志是否完整、正确、清楚。

（10）确认各屏柜外壳接地良好，接地电阻符合要求，一般为 2Ω 或符合制造厂的要求数值。

（11）报警语音回路检查。

（12）确认开关量输入回路检验结果正确，并查看检验记录。

（13）确认每种设备单元（如主机或主变压器）每一种保护的整组模拟试验合格。模拟试验时，一般从电流互感器或电压互感器的二次侧外加交流电流或交流电压的整定值，进行整组模拟动作试验，直至对相应断路器跳闸及发出语言和灯光报警。

（14）所有断路器手动跳合闸模拟试验合格。

（15）国家标准和制造厂的其他必须检查项目。

2．水机监控及综合部分

（1）检查确认计算机监控系统外壳接地的接地电阻值不大于 4Ω；装置所有电路与外壳之间的绝缘电阻值在标准试验下不小于 100MΩ；装置电路与外壳之间介质绝缘强度耐交流窜 50Hz，电压 2kV（有效值）历时 1min（无绝缘击穿及闪络）。

（2）上位机的计算机、显示器、键盘和打印机等外部插口及接线检查正常。

（3）根据设计说明书对上位机功能逐一进行检查，包括软件操作检查。核对主菜单和子菜单。

（4）上位机的起动和停机检查，首先开启显示器、打印机等外部设备电源，再打开工控机电源。停机时先退出监控软件的运行，再关工控机电源，最后关显示器、打印机电源。计算机不允许关机后立即又开机！

（5）根据监控系统产品制造厂的设计说明书，对上位机的操作内容步骤进行检查，如动态显示画面的切换、数据查询、参数设置、控制操作、报表打印等，故障和事故报警等。

（6）电流电压等电气量和压力、水位等非电气量等采样测量现场的检查。

（7）PLC 电源检查，电压正常。

（8）PLC 无故障信号。

（9）确认核对水机本体温度等及油水气系统整定值正确。

（10）确认水机的温度等全部保护整组模拟动作试验合格。

（11）确认水机监控回路线路绝缘电阻值合格。

（12）确认有关电气设备外壳接地良好。

（13）确认 UPS 不间断供电装置运行正常。

（14）屏上各信号灯指示正常。

二、上位机操作

水电站计算机监控系统上位机的操作分为硬件操作和软件操作，运行值班时主要为软件操作。

当水电站计算机监控系统上位机的监控软件用不同计算机语言编制，用不同的软件平台支持，其操作方式也是有所不同的，操作的步骤也不尽相同，但是不管怎么变化，在上位机上操作的内容却是基本相同的，如动态显示画面的切换、运行监视、数据查询、参数设置、控制操作、报表打印等内容。

（一）硬件操作

水电站计算机监控系统上位机的硬件操作主要是上位工业控

制计算机及其外部设备的启动、停机操作。

1. 上位机的启动

上位工业控制计算机的启动，首先开启外部设备电源即显示器、打印机及其他的外部设备电源，再打开工控机的电源。当这些电源全部打开后约 10～20s，显示器上将显示水电站计算机监控系统的监控软件画面。

2. 上位机的停机

上位机的停机可分为正常停机和强制停机两种情况。

（1）正常停机：

上位机的正常停机是先操作监控软件退出运行，在操作过程中一般均需输入操作人员的操作口令，上位机的监控软件在退出运行的同时保存水电站当前的运行参数和运行状态，当上位机的监控软件退出运行后，先关闭上位工业控制计算机的电源，再关闭显示器、打印机及其他外部设备的电源，操作程序与启动程序刚好相反。

（2）强制停机：

强制停机就是在上位机的监控软件没有退出运行的情况下，将上位工业控制计算机的电源关闭，在这种状态下，上位机在关闭时就不能保存水电站当前的运行参数和运行状态。正常情况不应采用这种方式停机。

（二）软件操作

计算机监控系统的产品型号有 H-9000 型、SSJ-3000 型和 SDJK-10 型、SJK-8000 型等。不同制造厂家的水电站计算机监控系统及运行在不同软件平台上的上位机的监控软件，其操作方法和步骤是不同的，有的用键盘操作，有的用鼠标操作。SDJK-10 型采用箭头键和回车键操作，而 SJK-8000 型采用鼠标操作。

本书仅对 SJK-8000 型的鼠标操作加以介绍,达到举一反三的目的。不同的制造厂家的产品，运行人员可以根据制造商的说明书首先在厂方技术人员指导下，熟悉其操作，并形成电站特色的操作规程。

SJK-8000 计算机监控系统在上位机的软件操作上采用更方便的鼠标操作方式，用鼠标可以点击出主菜单和子菜单，常用窗口还配有快捷按钮。值班员保密和保护整定值输入和修改等采用键盘操作。

为了确保操作正确性，SJK-8000 系统对电站主要设备的电气操作实现闭锁，包括：防误带负荷分闸或合闸隔离开关；防误分误合断路器；防误带电合接地开关；防误带接地刀合闸等。如果出现运行事故，除光字牌信号外，还有清晰的中文语音提示，对事故内容进行报警，提醒运行人员，并且推出事故画面（见图 8-1），便于运行人员及时进行处理。对出现过的事故，系统可以提供事故追忆查询。

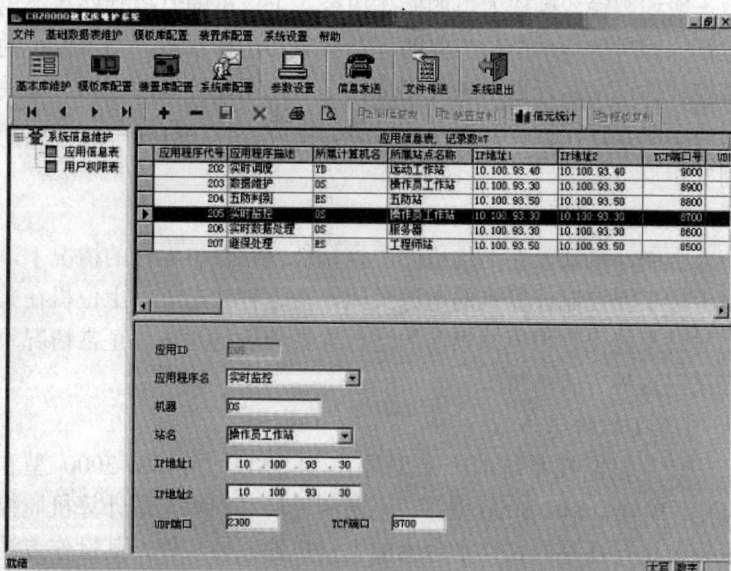

图 8-1　事故画面

SJK-8000 系统还提供各类报表、曲线和棒图等，并可以自动打印。

SJK-8000 系统可以方便地进行人机对话。上位机的显示器上有画面显示，可将系统信息以各类图形画面显示出来，包括图形画面、曲线、趋势图等多种形式，支持画面漫游、无级缩放等操作，可实现对 CRT 画面实现任意窗口的硬拷贝功能，并支持实时报警、在线打印以及图形在线打印。在中控室上位机上，运行值班人员可以通过鼠标或键盘选择或召唤画面显示，同时显示多幅画面。

在水电站的值班运行管理工作中依靠上位机进行运行值班监测检查，但是，运行人员仍然要定期定时对现场设备进行巡视检查，如连接处发热、基础自动化元件的检查，才能全面保证发供电的安全顺利进行。

（三）SJK-8000 系统运行桌面窗口菜单功能

在主窗口显示界面（如图 8-2 所示）中，有"系统管理""系统监视""系统应用""系统维护""系统设置""图形监视""音响""帮助"等主菜单，并提供所有功能子窗口的下拉菜单。如单击"运行监视"，可以下拉出下列子菜单："1 号机""2 号机""3 号机""主接线""网络结构""潮流图""单元设备""全部设备"。单击"1 号机"又可拉出"保护管理""开机流程""停机流程""事故停机""PLC 遥信列表""温度棒图""遥测棒图"等子菜单。

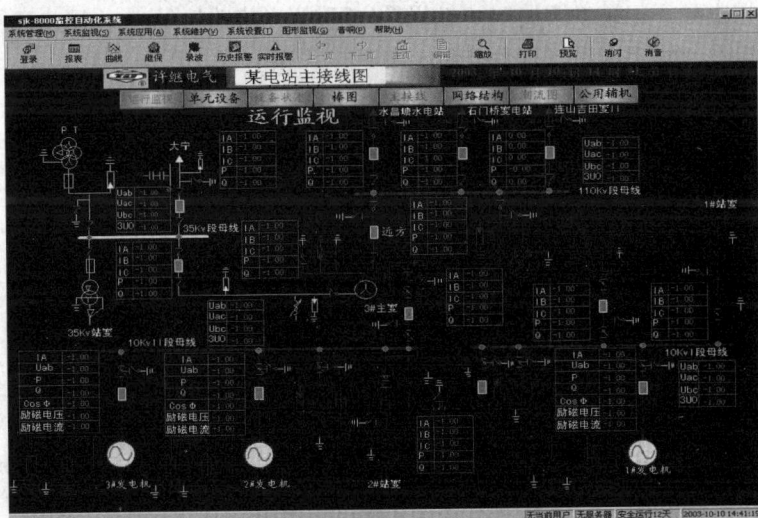

图 8-2 主接线运行画面

185

对于程序中常用功能，在主窗口的工具栏中也提供了快捷按钮，可方便地操作。常用按钮有："登录""报表""曲线""继电""录波""历史报警""实时报警"等。

对于子窗口工具按钮，在功能子窗口中，工具条上的按钮均有提示信息，说明其功能。当鼠标移动到某一按钮上方时，提示信息便会出现。为了方便用户，绝大多数工具条按钮均有快捷键，可直接使用快捷键来执行相应的操作。

在大多数的功能子窗口中，都有"数据表记录操作"按钮。其按扭图标采用标准数据库记录操作图标，从左至右依次是"首记录""前记录""后记录""尾记录""添加记录""删除记录""保存记录""取消记录"等通用按钮。

在通常情况下，当前窗口关联数据表处于"浏览"状态，用户不能进行数据输入。用户可以通过"首记录""前记录""后记录""尾记录"等按钮进行记录浏览，也可以直接在网格上进行选择记录浏览。

当选择"添加记录"/"编辑记录"按钮后，当前窗口关联数据表处于记录"添加"/"编辑"（或称为"修改"）状态，用户可以在"编辑区"进行数据输入。

当前记录输入完毕后，选择"保存记录"按钮可以将当前记录进行保存；选择"取消记录"按钮可以将针对当前记录的输入或修改取消。

当选择"删除记录"按钮后，程序将当前记录进行删除，还有"打印"和"打印预览"按钮等。当前功能子窗口的数据处理模式可通过上述下拉菜单选中标志来了解，也可以通过主窗口的状态栏获知。

（四）主菜单操作说明

1. "系统管理"菜单

注销：注销当前已登录用户。

修改密码：修改当前已登录用户的密码。

系统退出：退出在线监控系统。

2. "系统监视"菜单

报表系统：调出"报表"系统。

曲线系统：调出"曲线"系统。

历史报警：调出"报警"系统。

实时报警：调出"实时报警发布中心"窗口。

3. "系统应用"菜单

系统日志：调出"运行日志"系统。

事故追忆：调出"事故追忆"系统。

4. "系统维护"菜单

数据维护：调出"数据维护"系统。

主站报文：调出"主站层报文监视"窗口。

装置报文：调出"装置报文监视"窗口。

内存库：调出"内存库浏览器"系统。

测点浏览：调出"数据点浏览"系统。

间隔检修：进行间隔检修挂牌/摘牌。

5. "系统设置"菜单

五防设置：进行是否启用五防选择。

人工置数：进行人工置数或测点投退。

在线设置：弹出窗口。

6. "图形监视"菜单

消闪：停止图形闪烁。

光字牌复归。

上页：每点击一次，回到上一次浏览的页面，如果已经达到第一次浏览的页面，则变灰。

下页：每点击一次，回到下一次浏览的页面，如果已经达到最后一次浏览的页面，则变灰。

主页：回到主页。

页面选择：选择要浏览的页面。

编辑页面：编辑当前浏览的页面。

缩放：对当前浏览页面进行缩放。

屏幕打印：打印当前浏览页面。

打印预览：对当前浏览页面进行打印预览。

打印设置：进行打印设置。

工具栏：显示/隐藏工具栏。

状态栏：显示/隐藏状态栏。

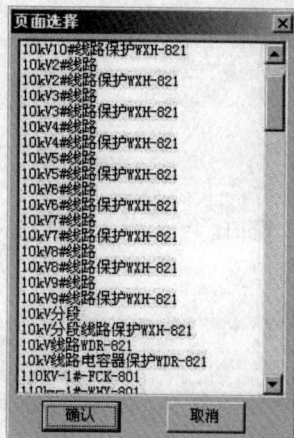

图8-3 "页面选择"窗口

7. "音响"菜单

（五）监视区操作

点击"图形监视"主菜单，在弹出的下拉菜单中选中"页面选择"项或从右键弹出的菜单中选中"页面选择"项，将弹出如图8-3所示的窗口。用户在页面检索窗口可以随意选择想要浏览的页面，而且可以方便地从一个页面切换到另一个页面。

双击"页面选择"中的任一页面选项或选中要切换的页面并单击确定，在监控操作区会立即显示出这一页面。此时，此页面处于运行状态，可以监测设备的信息状态，也可进行控制操作。

右键单击页面弹出菜单，点击"编辑"菜单项，可以调出"界面组态"模块，对该页面进行编辑，也可点击"图形监视"主菜单下的"编辑页面"菜单项，或者点击工具栏上的"编辑"按钮。

如果用户新建或删除了页面，需要先关闭页面选择窗口，然后再打开以更新页面检索。右键单击监控操作区任一位置，弹出菜单项，如图8-4所示。

点击"上页"菜单项，会跳转到该页面的前面一页显示。点击"下页"跳转到该页的下一页显示。点击"主页"跳转到主页面显示。点击"页面选择"

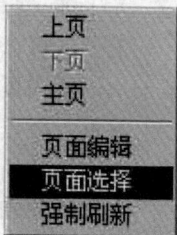

图8-4 菜单项

显示"页面选择"窗口。点击"页面编辑"进入页面编辑状态，用户可对该页面进行修改。点击"强制刷新"，系统立即重新读取磁盘中的该页面文件，更新显示。

提示信息：提示信息是对出现的设备状态变化、图形变化、鼠标动作的解释，提示用户此时设备状态或者是执行相关动作后的结果。出现深灰色背景的提示信息，表示正动态显示该设备信息及状态。典型情况是当外部数据发生变化时，图形会作出相应的反应，比如闪烁、移动、缩放等。出现浅灰色背景的提示信息，表示该处是一个触发点，鼠标单击时会产生响应，如单击该点，可以进行数据值的调节或者执行系统命令、内部命令等。出现灰色背景的提示信息为用户在编辑环境中为特定图形实体输入的定制提示信息。

对于超出屏幕大小的页面，用鼠标左键拖动，可以看到其整体图形。

当用户点击某些触发点时会另打开一个小窗口显示与触发处实体关联的相关图，如图8-5所示。

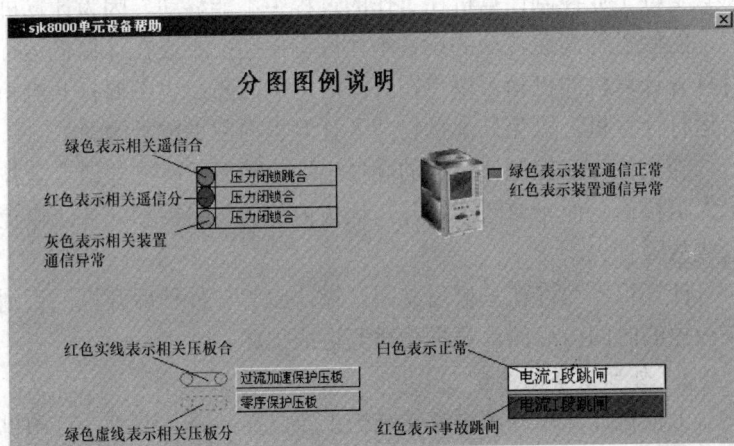

图8-5　相关图窗口

窗口界面区的操作功能和显示功能与主窗口界面中监控操作

区是一致的，只是此窗口不具备拖动功能。右键单击窗口区任一位置，弹出菜单项各功能与监控区同名菜单项功能一致，关闭则关闭本相关图窗口。在窗口中双击或者在主界面监控区单击均可关闭本相关图窗口。

三、上位机维护

上位机的维护包括硬件和软件两部分。

（一）硬件维护

硬件维护的主要内容是上位机计算机主机的硬件维护及其外部设备的硬件维护。

1. 上位机工控机主机的维护

在新上位机安装好后，应检查上位机主机的电源、与外部设备电缆的连接（包括显示器、键盘、打印机、通信接口等），应保证连接正确无误可靠，包括键盘与主机接口、鼠标与主机接口的检查。

在电缆的连接过程中，一定要关闭电源，否则会对设备造成损坏。

上位工业控制计算机在工作的过程中不能移动，因为计算机内部的硬盘等高速转动的设备不允许有振动；不要在计算机运行时打开计算机的机箱，以免在打开时造成故障；也不要打开机箱后运行计算机，以免外部杂物掉入计算机内部造成故障。

当上位工业控制计算机的硬件出现故障后，应立即请专业技术人员检修，而不要随意打开，插拔内部的线路板和元件，以免造成故障扩大。

计算机不允许在关机后立即开机，应等数秒种后开机，否则在极短的时间内启闭计算机会对其造成损坏。

2. 外部设备的维护

上位机计算机外部设备的维护主要是显示器、键盘、打印机的维护。显示器和键盘的维护工作量很小，而打印机的维护工作量较大。

（1）显示器和键盘的维护：

显示器在使用时若画面显示不清晰，可以通过亮度调节旋钮和对比度调节旋钮进行调节。

键盘在使用过程中应注意避免有机溶剂、水、小金属物进入，以免影响键盘的使用，键盘经过一定时间使用后，要进行清洁。不使用时用干净布盖好防尘。

（2）打印机的维护：

打印机的型号、种类不同，其设置、维护方法不同，需根据随打印机提供的操作维护手册进行日常维护。出现异常时由专业人员维护。

（二）软件维护

按开发产品制造商的软件安装和软件维护说明书进行，有疑难问题请制造商上门指导解决。

四、微机继电保护及计算机监控系统运行中的巡视检查和异常处理

1. 继电保护部分

（1）一般 12～24h 巡视检查一次，项目如下：

1）保护装置运行灯是否亮。

2）保护自检信息和报告信息是否正常，如有异常，请继电保护专责人员处理。

3）保护装置的时针是否准确，如有误差应及时调整。

4）线路保护装置与发信机配合的高频通道是否正常。

5）检查保护 CPU 与管理单元通道是否正常，即中断灯与告警灯是否发亮。

6）保护装置电源指示灯及工作电源是否正常。

7）保护装置的连接片、切换把手是否在正确位置。

（2）微机保护使用时注意事项：

1）保护动作后，值班人员应及时做好记录后，再复归信号，并报告主管。

2）保护异动时，立即记录，并通知继电保护专责人员处理。

3）插件发生异常，在更换插件时严禁带电拔插，更换后要做整组检验。

（3）下列情况下应停用整组保护装置，停用时，切换保护出口的连接片，并拔出二次电源：

1）该装置交流电压、交流电流、开关量输入、开关量输出回路有人作业。

2）在装置内部作业。

3）继电保护人员在输入或更改定值。

（4）微机保护在打印报告时，如需中途停止，应按"Q"键退回上一菜单，不应按"RST"复位键。

2. 水机监控及综合部分

（1）确认计算机监控系统外壳接地电阻不大于 4Ω；装置所有电路与外壳之间的绝缘电阻值在标准试验下不小于 $100M\Omega$；装置所有电路与外壳之间的介质绝缘强度耐交流 50Hz 电压 2kV（有效值）历时 1min（无绝缘击穿及闪络）。

（2）定期对其电气量和非电气量的采样点进行巡视检查，发现异常立即通知专责人员处理。

（3）检查监控部分的直流电压是否正常，不间断供电 UPS 是否正常；PLC 输出、输入模块电源电压是否正常。

（4）检查屏柜信号指示灯切换开关位置是否正确。

（5）定期定时对水机自动化基础元件如压力和信号液器、行程开关等接点进行巡视检查。

（6）定期在上位机上对水机部分各种温度、压力、液位等运行参数进行巡检。

（7）定期使用模拟调试方法，检查 PLC 输入、输出模块上有无坏点。检查时要切除输出模块输出中间继电器电源，切除对机组的控制，以便试验。

（8）注意：只要 PLC 输入、输出引线的点位出现变更或调整，就必须对机组控制软件进行修改和维护。

（9）对运行超限参数适时进行调整及处理。

（10）定期对运行日志进行打印。

（11）水机部分出现异常故障时，应做好记录并到现场查看，通知有关专责人员及时处理。

（12）出现水机事故停机时，监视各种信号和语音告警，及时记录，并去现场查看，及时上报主管。

（13）按现场规程规定，在上位机上对运行中各种运行状况进行画面切换检查。

（14）交接班时对故障事故出口音响及语音信号回路进行检查。

第三节　直流操作电源系统运行

在发电厂和变电所中，供给二次回路的电源称为操作电源。操作电源的作用主要是供电给控制、保护、信号、自动装置回路以及操动机械和调节机械的传动机构；在交流厂用电源中断时，给事故照明、直流油泵及交流不停电电源等负荷供电，以保证事故保安负荷的工作。所以操作电源必须充分可靠，具有独立性。

操作根据构成方式不同可分为以下几类：

（1）蓄电池组构成的直流系统：由蓄电池组、直流母线、充放电装置、馈电屏等设备构成，广泛应用于各种类型的发电厂和变电所中。

（2）逆变式交流系统：以直流电源逆变器取得稳压稳频的交流电源，平时由交流厂用电源经整流装置取得直流电源，当交流系统停电时，则由蓄电池组取得直流电源，是一种交流不停电电源系统，简称 UPS 电源。已广泛应用于大型发电厂及其他一些交流控制负荷的工程中。

（3）电容储能式直流系统：是一种简易的直流系统，正常运行时给电容器组充电；故障时电容器组向继电保护装置、断路器跳闸回路供电，保证继电保护装置可靠动作，断路器可靠跳闸；一般在规模小、不很重要的场合使用。

（4）复式整流式直流系统：是一种用交流厂用电源、电压互感器和电流互感器经整流装置取得直流电的电源系统。这也是一种简易的直流系统，已经很少使用了。

（5）复式交流控制电源：用交流厂用电源、电压互感器和电流互感器组成复式供电系统，用于交流继电器和交流操作机构的工程中。发电厂和变电站已经不采用这种电源系统。

（6）分散式交流系统：控制电源取自各个送往设备的交流电源回路，没有集中设置的电源装置。这种方式广泛应用于一些厂用电源干线和厂用电动机的控制信号回路。

目前水电站操作电源多采用蓄电池直流操作电源，本书仅讨论这种直流系统的运行维护。

一、直流系统组成

1. 蓄电池

根据电极和电解液介质的不同，蓄电池可分为酸性蓄电池和碱性蓄电池两种。20 世纪 70 年代以前，发电厂和变电站中应用的都是开启式铅酸蓄电池；20 世纪 70 年代以后，开始应用半封闭的铅酸蓄电池，并逐步得到普遍使用。到 20 世纪 80 年代中期以后，镉镍碱性蓄电池开始使用，并在 20 世纪 90 年代用于发电厂和变电所，但由于交割较高，限制了应用范围。20 世纪 90 年代发展起来的阀控式密封铅酸蓄电池（即免维护固体胶状铅酸蓄电池），由于安装方便、维护工作量小、不污染环境、可靠性较高等一系列优点，已得到推广使用。

蓄电池是直流系统的主要设备，它的主要技术参数为蓄电池的额定容量 Q_N，指的是蓄电池 10h 放电到某一最小允许电压时所放出的电量，即放电电流安培数与放电时间小时数 10h 的乘积，单位为 Ah。

蓄电池的运行方式有充电—放电方式和浮充电方式两种。常采用浮充电运行方式，即先将蓄电池充好电，然后将浮充电设备和蓄电池并联工作，浮充电设备既给直流母线上的经常性负荷供电，又以不大的电流向蓄电池浮充电，用来补偿蓄电池由于自放电而损失的能量，使蓄电池经常处于满充电状态，延长了蓄电池的寿命。

2. 充放电控制装置

发电厂直流系统充放电控制装置应设置合理的按充电电压和充放电电流进行充放电控制的功能，具有良好的充电、浮充电性能，满足电力工程正常运行工况和事故状况的要求。

早期的充电装置采用电动机—发电机组，现已淘汰。随着半导体技术的发展，晶闸管整流器取而代之。

晶闸管整流器按其整流元件分 50Hz 交流整流器和高频开关电源型整流器；按直流电路使用的调压元件分为饱和电抗器调压、铁磁谐振调压和晶闸管调压，目前大多数采用晶闸管调压方式；按整流电路的形式分为 50Hz 交流整流器，包括单相半波、单相全波、单相桥式、三相半波、三相全波、三相桥式、六相全波和十二相全波整流器，其中三相桥式半控整流器在相控式充电装置中应用最为普遍。但由于三相桥式全控整流器具有逆变功能，可进行逆变放电，在近年开发的相控式微机直流电源充放电控制装置中得到了大量应用。高频开关整流器的整流电路分为单相和三相全波整流电路。

相控式微机直流电源充放电控制装置利用微机对直流系统的充放电进行控制，可以充分发挥微机装置运算速度快、逻辑判断功能强的特点，实现对蓄电池充放电的综合控制，且可集控制与直流系统监测功能于一体。

高频开关式整流器用高频半导体器件（VMOS 或 IGBT）取代晶闸管，采用高频变换技术。由于去掉了笨重的工频变压器，元器件集成化，因此具有质轻体小、维护工作量少的特点。

为满足电力系统大容量、高电压的要求，高频开关式直流充电装置由多个模块组成，如图 8-6 所示。这些模块包括以下几方面：

（1）交流配电模块：对交流电源进行处理、保护、监测并与整流模块接口。可提供两路交流电源接口，并可完成两路交流输入的切换，为各整流模块提供交流输入电源。

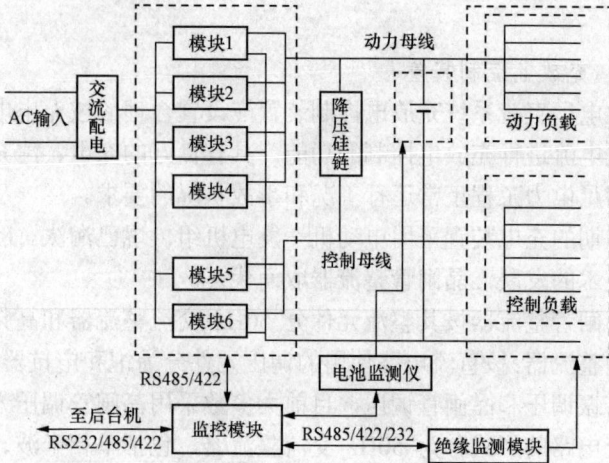

图 8-6　智能高频开关电源系统框图

（2）整流模块：将交流电转换为直流电。整流模块设有均流功能，以保证各并联模块输出电流的平衡。在整流模块内设有完善的保护和告警系统，包括输入过压、欠压、缺相，输出过压、欠压，模块内部过热及模块主功率器件过流报警和保护。

在整流模块内部还配有监控板，在监视控制充电模块运行的同时，还与系统监控模块通信，使充电模块具有遥控、遥测、遥信、遥调功能。由于充电模块本身具有 CPU，充电模块可脱离监控模块独立运行。

（3）直流配电模块：负责向直流负荷供电。

（4）监控模块：用于对交流输入电源、整流模块、输出电源及蓄电池组进行智能管理，并实现数据监测、定值设定、越限报警。监控模块还设置 RS232C 和 RS485 通信接口，以实现遥测、遥信和遥控。

需特别指出的是，高频开关式直流电源装置不具有相控式电源的逆变放电功能，需要单独增加放电装置。

3. 直流系统的绝缘监视装置

发电厂、变电所的直流供电网络分布广，特别是要用很长的控制电缆与屋外配电装置相连，如断路器的操动机构、隔离开关的电锁等，较易受潮，因此容易引起直流回路绝缘水平下降，甚至会发生绝缘损坏而接地。当直流系统只有一极接地并不构成电流通路时，系统可以照常运行，但这样很危险。因为直流回路内若再有另一点接地时，就会导致信号、保护和控制元件的误动或拒动，从而破坏发电厂、变电所的正常运行。为能及时发现直流系统绝缘下降或一点接地现象，必须装设直流系统绝缘监视装置。

直流系统绝缘监视装置按直流电桥原理制成，它由信号和测量两部分组成。当直流母线对地绝缘良好时，电桥平衡，绝缘监视装置不发信。当某极的绝缘电阻下降时，电桥平衡被破坏，装置发出相应直流系统接地信号，可通过转换测量部分的控制开关和电压表检测正极对地、地对负极电压，从而判断哪一极绝缘下降或接地。

4. 直流电源系统图

图 8-7 所示直流电源系统，是目前水电站较流行的配置：免维护固体胶状铅酸蓄电池加晶闸管高频充电装置及各种测控、保护、信号单元，相比于其他操作电源，具有体积小、功能全、可靠性高、操作简便、维护工作量小等优点。

图 8-7 所示的 GZDW-I-21 型智能微机直流电源装置，由一组免维护固体胶状铅酸蓄电池、单母线、两台晶闸管高频充电装置组成。两台充放电装置均有浮充、均充、逆变放电等功能，且互为备用。

在母线上设直流绝缘监视和电压监视装置，监视直流系统的绝缘水平和直流母线的电压不会过高或过低。

二、直流系统运行维护

1. 蓄电池初充电

蓄电池在新安装或大修后的第一次充电叫初充电。初充电是否良好，将严重影响蓄电池的使用寿命。

对于防酸隔爆式电池，其初充电的步骤如下：

（1）灌注相对密度为 1.18 的硫酸溶液，并使液面高出极板10～20mm。

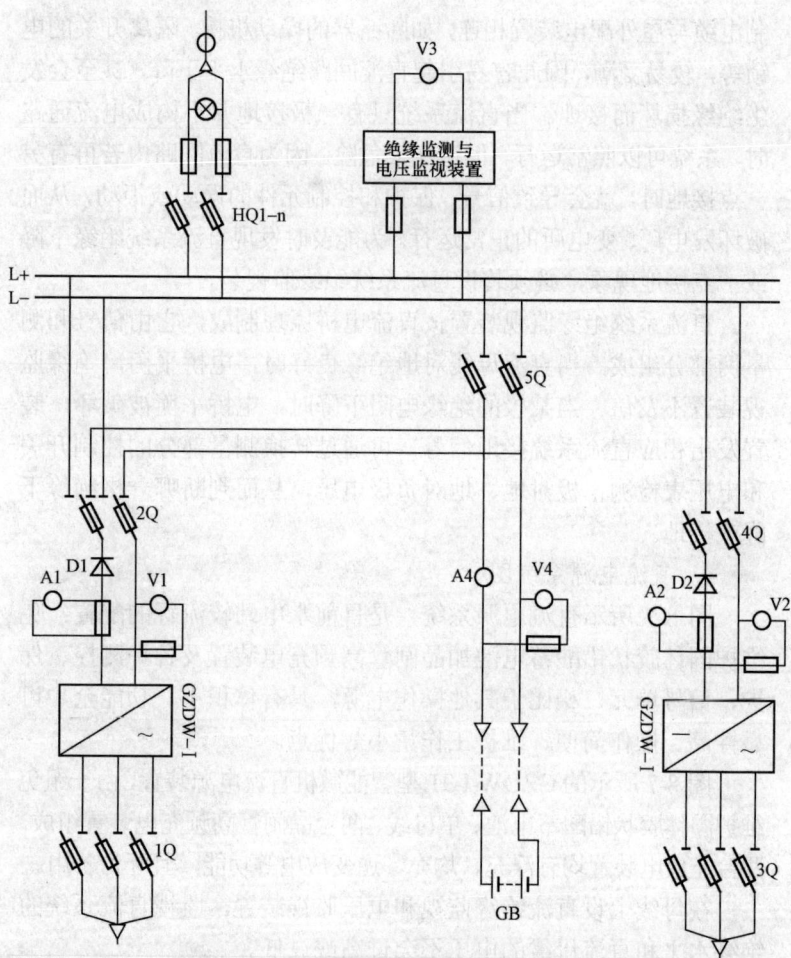

图 8-7 GZDW-I-21 型智能微机直流电源装置

（2）静止 2～4h，以使硫酸渗透极板上的作用物质。

（3）以不大于 10h 放电率的放电电流值充电，连续充电 30～40h。

（4）间断 1～2h，使电池处于不使用状态，然后再充电至剧烈冒泡为止。

（5）再间断 1～2h，再充电至剧烈冒泡为止。如此重复地下去，直到间断 2h 后，一充电就立即释放强烈气泡，而且电池的电压和电解液的密度在 2h 内保持恒定不变为止。

在整个充电过程中，应注意保持电解液的温度不超过 35～40℃，否则应减小充电电流或停止充电。全部充电过程约 60～80h。

阀控式密封电池（胶状铅酸蓄电池）是一种湿荷电池，出厂前已注入电解液，在使用前只需进行补充充电即可投入运行，不需要施加较高电压（如 2.7V）进行初充电。

2. 蓄电池正常运行方式

为补充蓄电池始终在充满电状态，蓄电池组一般按浮充电方式运行，每只电池的电压保持在 2.15V，变动范围 2.1～2.2V。

当蓄电池失去充电电源或充电设备故障，则直流负荷全部由蓄电池组供给。此时应设法尽快恢复交流电源或尽快排除充电设备故障，不致使直流电压降得过低。当每只电池电压降至 1.8V 时，就不能再发电，而必须立即充电。

按浮充电运行的蓄电池组，每隔一定时间（如三个月或一年）必须进行一次核对性的放电。放出设备容量的 50%～60%，终期电压达 1.9V 为止，或进行全容量放电（以 10h 放电率），放电到终期电压达到制造厂规定的终了电压（一般为 1.75～1.85V）为止。放电完毕后，必须立即进行均衡充电。

如果该期间内曾由于浮充电设备故障而使蓄电池组做过强迫放电，则不可再进行核对性放电。

当只有一组蓄电池时，根据安全可靠的条件又不允许放电至额定容量的 50%时，可以只进行过充电而不做核对性放电。此时不切断负荷，但浮充电压应提高至每个电池为 2.3～2.33V。

对于只有一组蓄电池组的水电站，不可能每 3 个月进行一次核对性放电，但每年必须进行一次核对性充放电。

对于浮充运行的蓄电池，应定期进行均衡充电，通常一个季度进行一次。如遇下列情况之一，则应及时均衡（补充）充电：

（1）过量发电是电池端电压低于规定的放电终止电压。

（2）放电后未及时进行充电。

（3）长期充电不足。

（4）极板呈现不正常状态或有轻微硫化现象。

（5）用小电流长期深度放电。

（6）放电电量超过允许值。

（7）长期静置不用。

3. 蓄电池组及直流系统维护

为维护和保养蓄电池组，厂（站）应有专人负责。蓄电池应由值班员（专门负责人）每天（每周）检查一次，每1～2月进行一次全面的检查。

直流系统巡视检查主要项目如下：

（1）直流母线电压应正常，浮充电流应适当，无过充电和欠充电、开路等异常情况；

（2）蓄电池之间的连接良好，螺丝无松动，导线无腐蚀；

（3）蓄电池本体无裂纹、脏污和破损现象，控制部分动作正常；

（4）蓄电池应保持清洁干燥；

（5）蓄电池应避免100h以上放电；

（6）电池安装扭矩值应符合规定；

（7）电池裸露金属部分有活性，在工作时，不要带戒指或金属首饰，注意隔开工具；

（8）三相交流输入电压、电流及主、备用电源工作良好；

（9）充电机输出电压、电流及每只蓄电池高频模块工作良好；

（10）直流系统绝缘良好，即母线对地电压、电阻正常。

另需注意：蓄电池在出厂后放置时间超过两个月时，在使用前需进行补充充电；胶体蓄电池电解质一次性配置，使用中禁止加入酸液或碱液，若出现干裂现象，可加适量蒸馏水，保持湿度；胶体蓄电池不通过测试比重判别电池容量，只需在负荷情况下测试电池电压为额定电压的 $110\%\pm0.2V$ 即表明容量充足；蓄电池电压下降到低于额定电压的87.5%时，要及时充电，充至电池单体电压达2.4V并连续保持2h内不变，方可停止充电；

使用过的电池若暂时不用，则应将电池充足电后放在通风干燥的地方储存。

三、直流系统故障及事故处理

直流系统常见故障有高频直流电源控制系统故障、直流系统接地、蓄电池输出熔丝熔断等（有的直流系统只装刀开关，不装熔断器）。

1. 高频直流电源控制系统故障

现象：直流母线电压异常。

处理：将高频直流电源退出运行后，修复控制装置。

2. 直流系统导体连接处过热

现象：连接处过热。

处理：紧固、去氧化腐蚀，并涂上导电膏。

3. 蓄电池输出熔丝熔断

现象：浮充电流表指示为"0"。

处理：

（1）检查回路是否有明显故障点，若没有，拉开直流开关，更换同容量熔丝，再合上直流开关，观察是否正常。

（2）若熔丝再次熔断，则将直流开关拉开，把蓄电池退出运行，仔细检查各个蓄电池。

4. 电池过充

现象：充电时电压上升少甚至不变。

处理：检查故障原因，若为蓄电池内部短路引起，则排除短路点；若为熔断器熔断造成，则更换熔断器。

5. 蓄电池温度过高

现象：温度指示过高。

处理：查明原因后处理，若为直流过负荷造成，则减少负荷；若为通风不良造成则设法使通风良好。

6. 蓄电池外壳膨胀

现象：蓄电池外壳鼓胀变形。

处理：更换蓄电池。

7. 直流系统接地

现象："正或负极对地绝缘下降"报警。

处理：先由运行人员切换直流绝缘监察装置电压表，可以确定正极或负极哪极接地。然后用拉路法寻找接地回路。确定后，通知检修专责人员处理。

（1）分清接地故障的极性，粗略分析故障发生原因：阴雨天会使直流系统绝缘受潮，室外端子箱、机构箱、接线盒是否因密封不良而进水；是否由于二次回路上有人工作而造成。

（2）若二次回路上有人工作或有设备检修试验工作，应立即停止。拉开工作用直流电源，看接地信号是否消失。

（3）用直流屏上的绝缘监察电压表转换开关，检查确认故障点在正极还是在负极。

（4）再用分网法缩小查找范围。分网法指的是直流系统有两段及以上的母线，各段母线都有直流电源时可以经倒闸操作，拉开母线分段隔离开关，确认接地在哪一母线段。

（5）然后对不太重要的直流负荷或不能转移的分路，用瞬时拉路停电法查找接地回路，如接地信号消失，故障即在该回路。

（6）可以先停次要负荷，如事故照明馈电线、断路器和隔离开关操作电源馈电线、试验馈电线等。检查后接地仍未消失则再停重要负荷，如信号、保护、自动装置等馈电线。拉路停电后若仍接地，则接地必在母线或蓄电池本身上。

（7）拉路检查试验中，从接地信号消失即可判断并找出故障线路号，然后确定故障点并通知检修专责人员来排除故障。

附录　水电站中违章和不规范行为 100 例

1. 工作期间未按要求着装。
2. 未正确佩戴安全帽。
3. 迟到、早退、擅自离岗。
4. 当值期间饮酒或酒后工作。
5. 不按规定进行巡视。
6. 未按规定定期切换备用设备。
7. 未按规定填写运行日志或填写不规范、不完整。
8. 交接班时交接不清楚。
9. 在升压站搬运长物件时，未放倒搬运。
10. 在带电设备周围进行测量时，使用金属或带金属的尺。
11. 接受（汇报）调度命令不录音，不互通姓名。
12. 不执行或故意延迟执行调度命令。
13. 擅自越权改变设备状态。
14. 计划检修因故不能按时竣工时，值班人员没有在原批准的计划检修工期未过半以前向调度提出改期申请。
15. 无票工作。
16. 值班员接受不合格的工作票。
17. 值班员填写工作票错误。
18. 工作票签发人兼工作负责人。
19. 工作票未经许可，工作人员就进入现场工作。
20. 工作票许可后，工作许可人、工作负责人未签名，时间未写就开始工作。
21. 工作票许可后，工作负责人不带工作票到现场工作。
22. 工作终结，工作许可人、工作负责人未签名，时间未写。
23. 工作负责人不能认真履行监护职责。
24. 专职监护人做其他工作。

25. 工作期间，工作负责人临时离开工作现场，未指定能胜任的人临时代替。

26. 单独一人从事电气工作，无人监护。

27. 工作地点、工作内容与工作票规定不符。

28. 工作负责人擅自扩大工作内容。

29. 工作人员人数与工作票所列人数不符。

30. 增加或退出工作人员，工作负责人未在备注栏中填写姓名和时间。

31. 现场所做安全措施与工作票所列安全措施不符。

32. 现场所挂标志牌数量与工作票规定不符。

33. 标示牌悬挂朝向、范围不正确。

34. 补充安全措施内容与现场实际不符。

35. 工作票许可时间早于计划工作时间。

36. 工作票终结时间迟于计划工作时间。

37. 工作票已执行，而所装接地线编号未填写。

38. 隔日间断工作，次日未重新履行工作许可手续。

39. 工作中需临时拆除的接地线或接地开关，工作结束后未恢复。

40. 执行结束的工作票未盖"已执行"章。

41. 涂改工作票接地线编号。

42. 涂改计划工作时间和许可、延期、终结时间。

43. 涂改工作票中的操作动词。

44. 工作票使用不符合规定要求。

45. 值班员对工作人员随意移动安全措施不制止。

46. 值班员将工作票许可给没有工作负责人（监护人）资格的人进行工作。

47. 高压试验时，没做好安全措施就开始工作。

48. 全部工作结束，不清理工作现场，物件遗留在工作现场。

49. 下值未及时评议上值已执行的工作票。

50. 无票、草稿票或事后补操作票。

51．填写操作票未使用统一的调度术语。

52．调度员下达指令，不进行复诵。

53．操作前不模拟，模拟图和现场实际不符。

54．操作前，操作人、监护人未在操作票上签名。

55．操作票上代签名。

56．操作人不带操作票到现场进行操作。

57．已执行的操作项目不打勾。

58．不按操作项目顺序进行操作。

59．漏项、并项、倒项或跳项操作。

60．操作票中"三不涂改"内容涂改。

61．操作时不仔细核对设备名称、编号。

62．操作中不执行唱票、复诵制度。

63．操作中，监护人、操作人变换职责。

64．监护人不在场，操作人一人擅自操作。

65．断路器操作后，不到现场检查断路器实际位置。

66．隔离开关操作后，不检查三相分、合情况。

67．误投停保护装置，误投停自动装置，误投停重合闸装置。

68．接地线装设时接触不良。

69．装、拆接地线没有写编号，不按规定的顺序进行操作。

70．装设接地线时身体触及接地线。

71．装设接地线不戴绝缘手套。

72．采用缠绕法装设接地线。

73．未得到调度的许可，就将冷备用的设备转为检修状态。

74．操作任务不明确，或设备名称、编号不正确。

75．操作任务与操作项目不符。

76．操作票上使用了涂改液。

77．多页操作票未填写续号或错误续号。

78．操作票填写后，未按操作监护人、值班负责人的顺序审查和签字。

79．操作票未经监护人、值班负责人审核就执行操作。

80. 操作人、监护人在操作过程中做与操作无关的事情。

81. 电气倒闸操作过程中随意换人。

82. 操作不当，造成设备损坏。

83. 操作票在执行工程中因故中断操作，未在备注栏中注明原因。

84. 未填写操作开始、终了时间或填错。

85. 全部操作结束后没有进行全面检查。

86. 操作票虽填写正确，但操作过程中执行错误。

87. 操作票未盖章、盖错位置、盖错章。

88. 送电操作前，未检查送电范围内的接地线确已拆除。

89. 设备停电检修，接地线尚未装设好，人就接触到设备。

90. 验电时不使用合适的验电器。

91. 不在带电设备上先验证验电器的好坏就进行验电。

92. 高压验电时不戴绝缘手套。

93. 操作高压隔离开关不戴绝缘手套。

94. 取动力熔断器和照明熔断器时不戴绝缘手套。

95. 拆装高压熔断器不戴绝缘手套。

96. 使用不合格、超检修周期的安全用具。

97. 安全用具使用后不按规定位置摆放。

98. 安全用具发生损坏、丢失。

99. 安全用具未贴醒目的标签。

100. 安全用具上无试验标签或标签不真实。